初歩からはじめる統計学

石村 園子・石村 貞夫
著

共立出版

まえがき

近年，情報化社会の進展とともに，統計学の必要性が世界的に高まっております．

いろいろな分野の報告書でも，統計処理の記述が必須事項になっています．

そのような世界的潮流のなか，日本でも統計学の重要性が再認識され始め，最近，文部科学省の算数編と数学編の学習指導要領が大幅に改訂されました．

数年前，『分数ができない大学生――21 世紀の日本が危ない』（東洋経済新報社，1999 年）という本が，話題になり，テレビでも取り上げられましたが，基本的内容を系統だって，きちんと勉強することは，何事においても，理解を深めるという観点から重要です．

そこで本書は，文部科学省学習指導要領の算数編，数学編の内容を中心に，

「統計学を系統的に学ぶ人のための本」

という観点から作られました．

したがって，

第 1 部は　データのまとめ　資料の整理

第 2 部は　平均値　度数分布　確率

第 3 部は　分散　標準偏差　四分位範囲

第 4 部は　さらに進んだ統計学

のように，その内容も無理なく一歩ずつ高い水準へと工夫され，
統計学の全体像を俯瞰できる仕組みにもなっております．

したがって，本書は，統計学を学びたい人にも，統計学を教える人にとっても役立つことと思います．

お仕事で統計学が必要になってきたという人にとっても，学校で習った内容を思い出し，振り返りながら，ゆっくりと一歩ずつ勉強できることと思います．

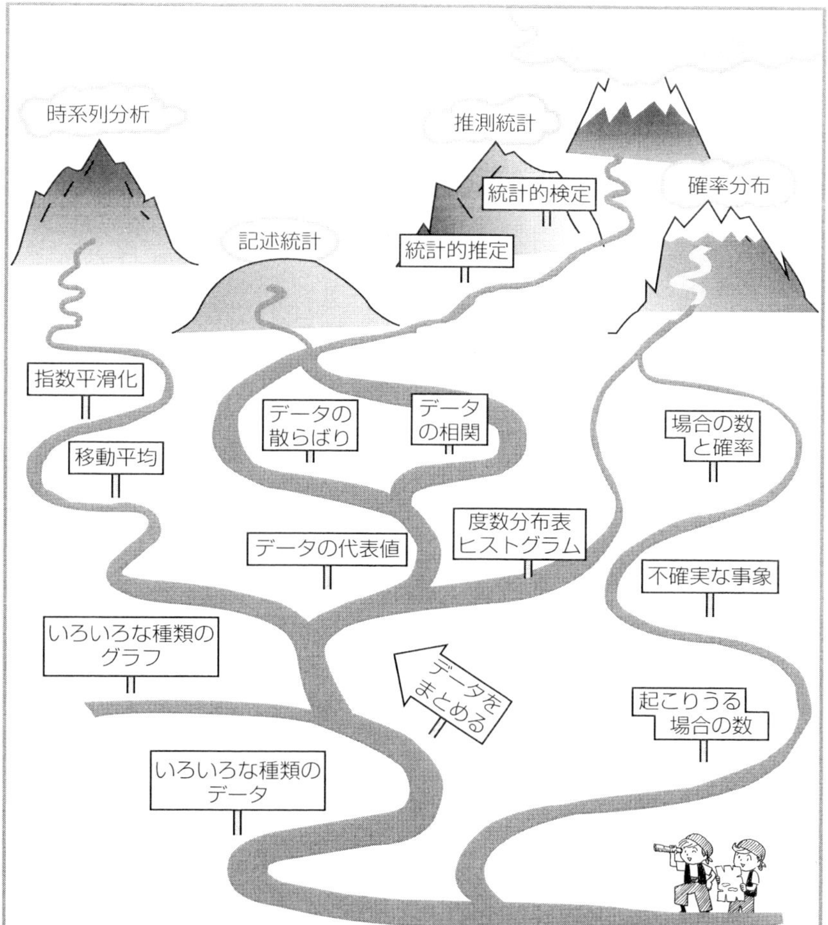

最後に，この本を作成するにあたり，お世話になりました
共立出版の寿 日出男さん，中川 暢子さんに深く感謝いたします．

平成 24 年 9 月 4 日

北欧スウェーデンの Abisko で
オーロラをながめながら…
著　者

目　次

第4部

第１部

第１部では　次のようなことを学びます

１章　いろいろな種類のデータ
　　── 名義データ・順序データ・数値データ ──

２章　いろいろな種類のグラフ
　　── 棒グラフ・円グラフ・折れ線グラフ ──

３章　データをまとめる
　　── 代表・範囲・度数 ──

４章　起こりうる場合の数
　　── 組合せ・順列 ──

第１部は
　資料の整理
　資料のまとめ
について学びます

1章　いろいろな種類のデータ

1.1　データを集める

集めてみよう！

いろいろな数字に興味を持っているユウジロウ君は
クラスの友達に身長や算数の好き嫌いについて教えてもらいました．

表 1.1.1　友達のデータ（cm）

No	性別	身長	算数
1	女子	148	嫌い
2	男子	162	大好き
3	男子	154	好き
4	女子	126	好き
5	男子	186	大嫌い
6	女子	124	嫌い
7	女子	140	大好き
8	男子	153	好き
9	男子	138	大嫌い
10	女子	158	嫌い
11	男子	170	大好き
12	男子	168	好き
13	女子	139	嫌い
14	男子	154	嫌い
15	女子	161	好き

No	性別	身長	算数
16	男子	146	好き
17	女子	154	嫌い
18	男子	147	好き
19	女子	138	好き
20	女子	153	大好き
21	女子	136	嫌い
22	女子	174	好き
23	男子	138	大好き
24	女子	144	大嫌い
25	男子	155	好き
26	女子	151	嫌い
27	男子	143	嫌い
28	男子	153	大好き
29	女子	134	嫌い
30	男子	175	大好き

他にも面白い数字はないかなぁと思ったユウジロウ君は
お母さんと一緒に，新聞からいろいろなデータを集めてみました．

いろいろなデータを集めてみよう

例1の1　次のデータは，農業を支えている人達の人数です．

表 1.1.2　農業を支えている人たち（万人）

年	30歳未満	30歳～49歳	50歳～59歳	60歳～64歳	65歳以上
1985	40	137	146	76	144
1990	28	102	108	84	160
1995	21	75	69	68	180
2000	25	56	52	51	206
2005	19	36	48	37	195
2010	9	23	36	32	161

例1の2　次のデータは，1965年から2005年までの1人当たりの米の消費量です．

表 1.1.3　1人当たりの米の消費量（kg）

No	1	2	3	4	5	6	7	8	9	10
年	1965	1970	1975	1980	1985	1990	1995	2000	2005	2010
消費量	117.7	95.1	88	78.9	74.6	70	67.8	64.6	61.4	59.5

例1の3　次のデータは，日本の各県におけるみかんの栽培農家の数です．

表 1.1.4　みかんの栽培農家数（戸）

No	1	2	3	4	5	6
県名	愛媛	和歌山	静岡	長崎	熊本	その他
農家数	10493	9635	7523	4487	4223	29630

例１の４　次のデータは，生乳の総産出額です．

表 1.1.5　生乳総産出額（億円）

No	1	2	3	4	5	6	7	8	9	10	11
年	2000	2001	2002	2003	2004	2005	2006	2007	2008	2009	2010
総産出額	6900	6750	6870	6910	6880	6750	6490	6360	6600	7030	6750

興味のあるデータを
集めることが統計を
学ぶポイントです

例１の５　次のデータは，ある地域におけるいろいろな魚の漁獲量です．

表 1.1.6　いろいろな魚の漁獲量（トン）

種類	2003	2004	2005	2006	2007	2008
まいわし	36	21	851	360	687	1786
あじ類	1033	1195	1194	892	1407	671
さば類	1429	600	916	805	309	193
ひらめ	105	99	90	98	121	144
かれい類	1233	926	967	1088	1283	1112
まだい	250	269	204	173	195	274
すずき類	645	665	729	700	605	554
あさり類	8890	11867	11715	10499	13638	19278
いか類	874	867	715	940	1437	1036
たこ類	868	865	546	346	744	559
くるまえび	138	128	115	96	170	96

例１の６　次のデータは，全国の温泉の pH を測定した結果です．

表 1.1.7　いろいろな温泉地の pH

No	1	2	3	4	5
温泉	熱海温泉	増富温泉	野沢温泉	草津温泉	白馬温泉
pH	7.9	6.2	8.7	2.1	7.2
No	6	7	8	9	10
温泉	横谷温泉	那須温泉	谷地温泉	田野温泉	松川温泉
pH	5.3	2.5	4.5	10.3	5.7

例１の７　次のデータは，12 か月の平均気温と降水量を測定した結果です．

表 1.1.8　平均気温（℃）と降水量（mm/h）

月	平均気温	降水量
1 月	7.2	19.3
2 月	6.5	45.8
3 月	10.4	75.2
4 月	17.2	47.6
5 月	20.5	73.5
6 月	25.9	69.1
7 月	28.5	196.7
8 月	29.7	79.4
9 月	27.1	97.5
10 月	20.8	145.1
11 月	14.7	31.6
12 月	6.9	30.2

興味のあるデータを
探しましょう！

例１の８　次のデータは，コンビニ各店の売上高を調査した結果です．

表 1.1.9　コンビニ各店の売上高（億円）

順位	コンビニ	売上高
1 位	S 社	23335
2 位	L 社	13866
3 位	F 社	10688
4 位	C 社	8728
5 位	M 社	2681
6 位	D 社	2164
7 位	A 社	1733
8 位	S 社	1519
9 位	S 社	1438
10 位	P 社	1107

例１の９　次のデータは，原油１バレル当たり価格の推移を調査した結果です．

表 1.1.10　原油１バレル当たりの価格（US ドル／バレル）

年	WTI	年	WTI
1991	21.5	2001	25.9
1992	20.6	2002	26.1
1993	18.5	2003	31.1
1994	17.2	2004	41.5
1995	18.4	2005	56.4
1996	22.1	2006	66.1
1997	20.6	2007	72.3
1998	14.4	2008	99.6
1999	19.2	2009	61.7
2000	30.3	2010	79.4

WTI：West Texas Intermediate
（世界の原油価格の中で最も有力な指標）
1 バレル = 158.987294928 ℓ

例1の10　次のデータは，世界の二酸化炭素排出量の割合です．

表 1.1.11　2008 年世界の二酸化炭素排出量（%）

国	アメリカ	中国	ドイツ	イギリス	イタリア	フランス	ロシア	日本	インド
排出量割合	19.2	22.1	2.6	1.8	1.4	1.2	5.5	4.0	4.9

例1の11　次のデータは，世界のインターネットの利用者数です．

表 1.1.12　インターネットの利用者数（千万人）

No	1	2	3	4	5	6	7	8	9	10
年	2001	2002	2003	2004	2005	2006	2007	2008	2009	2010
利用者数	49	68	79	93	105	121	140	160	180	200

例1の12　次のデータは，ある港の1週間の満潮と干潮の時刻です．

表 1.1.13　1 週間の潮の変化

	1日目	2日目	3日目	4日目	5日目	6日目	7日目
満潮	1 : 21	1 : 48	2 : 14	2 : 40	3 : 08	3 : 38	4 : 10
干潮	7 : 55	8 : 30	9 : 04	9 : 39	10 : 15	10 : 52	11 : 33
満潮	14 : 14	15 : 04	15 : 49	16 : 31	17 : 14	17 : 58	18 : 44
干潮	19 : 46	20 : 28	21 : 06	21 : 42	22 : 16	22 : 49	23 : 24

例 1 の 13　次のデータは，小学生 10 人の脈拍です．

表 1.1.14　10 人の小学生の脈拍

No	1	2	3	4	5	6	7	8	9	10
脈拍	83	76	85	82	79	84	81	75	86	87

例 1 の 14　次のデータは，20 代，30 代，40 代の女性と男性における喫煙率を調査した結果です．

表 1.1.15　性別と喫煙率（%）

		1985 年	1995 年	2005 年	2010 年
女性	20 代	16.6	23.5	20.9	15.1
	30 代	14.2	19.3	20.7	16.0
	40 代	13.2	14.1	17.8	16.8
男性	20 代	71.8	64.7	51.6	38.3
	30 代	70.2	65.3	54.2	43.4
	40 代	63.1	62.1	53.7	43.3

喫煙のリスクは？

例 1 の 15　次のデータは，東南アジアにおける学科別学力到達率を調査した結果です．

表 1.1.16　東南アジアの学科別学力到達率（%）

科目	数学	理科	英語	社会	国語
小学生	54.2	47.8	45.4	51.3	50.1
中学生	43.5	41.9	42.4	57.5	68.7

小学校では
データのことを
資料
といいます

例 1 の 16　次のデータは，自動車排出ガスの二酸化窒素濃度を測定した結果です．

表 1.1.17　自動車の排出ガスの二酸化窒素濃度（ppm）

No	1	2	3	4	5	6	7	8	9	10
濃度	0.042	0.051	0.058	0.039	0.053	0.054	0.044	0.037	0.046	0.042

例 1 の 17　次のデータは，2 組の対立遺伝子を含むウサギの交雑実験の結果です．

表 1.1.18　ウサギの交雑実験（匹）

種類	短耳短毛	短耳長毛	長耳短毛	長耳長毛
匹数	92	37	43	15

好きなペットは？

例 1 の 18　次のデータは，冬季オリンピックに参加した国の数です．

表 1.1.19　冬季オリンピックスポーツ国際競技（国）

No	1	2	3	4	5	6	7
競技	バイアスロン	ボブスレー	カーリング	アイスホッケー	リュージュ	スケート	スキー
加盟数	60	54	36	55	45	73	101

好きな競技は？

1.2　データの種類

データは

- 数値データ
- 順序データ
- 名義データ

の 3 種類に分けることができます．

> データ
> 単数＝ datum
> 複数＝ data

尺度という統計用語を使って，

- 名義尺度
- 順序尺度
- 間隔尺度
- 比尺度

の 4 種類に分類する場合もあります．

> 間隔尺度＝ interval scale
> 比尺度＝ ratio scale

数値データの例

ユウジロウ君の集めてきた身長のデータは数値データになります．

> 数値データのことをスケールともいいます

表 1.2.1　数値データ

No	性別	身長	算数
1	女子	148	嫌い
2	男子	162	大好き
3	男子	154	好き
4	女子	126	好き
5	男子	186	大嫌い
6	女子	124	嫌い
7	女子	140	大好き
8	男子	153	好き
9	男子	138	大嫌い
10	女子	158	嫌い

順序データの例

ユウジロウ君の集めてきた算数のデータは順序データになります.

順序尺度 (ordinal scale)

表 1.2.2 順序データ

No	性別	身長	算数
1	女子	148	嫌い
2	男子	162	大好き
3	男子	154	好き
4	女子	126	好き
5	男子	186	大嫌い
6	女子	124	嫌い
7	女子	140	大好き
8	男子	153	好き
9	男子	138	大嫌い
10	女子	158	嫌い

名義データの例

ユウジロウ君の集めてきた性別のデータは名義データになります.

名義尺度 (nomial scale)

表 1.2.3 名義データ

No	性別	身長	算数
1	女子	148	嫌い
2	男子	162	大好き
3	男子	154	好き
4	女子	126	好き
5	男子	186	大嫌い
6	女子	124	嫌い
7	女子	140	大好き
8	男子	153	好き
9	男子	138	大嫌い
10	女子	158	嫌い

1.3 データを大きさの順に並べ替える

次のデータは，ユウジロウ君のクラス 30 人の身長です．

表 1.3.1　30 人の身長

No	身長 (cm)	No	身長 (cm)
1	148	16	146
2	162	17	154
3	154	18	147
4	126	19	138
5	186	20	153
6	124	21	136
7	140	22	174
8	153	23	138
9	138	24	144
10	158	25	155
11	170	26	151
12	168	27	143
13	139	28	153
14	154	29	134
15	161	30	175

並べ方には
昇順
と
降順
があります．

データを，次のように大きさの順に並べ替えると
データの特徴がわかりやすくなります．

表 1.3.2　昇順によるデータの並べ替え

順位	No	身長	順位	No	身長
1	6	124	16	8	153
2	4	126	17	20	153
3	29	134	18	28	153
4	21	136	19	3	154
5	9	138	20	14	154
6	19	138	21	17	154
7	23	138	22	25	155
8	13	139	23	10	158
9	7	140	24	15	161
10	27	143	25	2	162
11	24	144	26	12	168
12	16	146	27	11	170
13	18	147	28	22	174
14	1	148	29	30	175
15	26	151	30	5	186

■ Excel によるデータの並べ替え

❶ Excel のワークシートに，データを入力します．

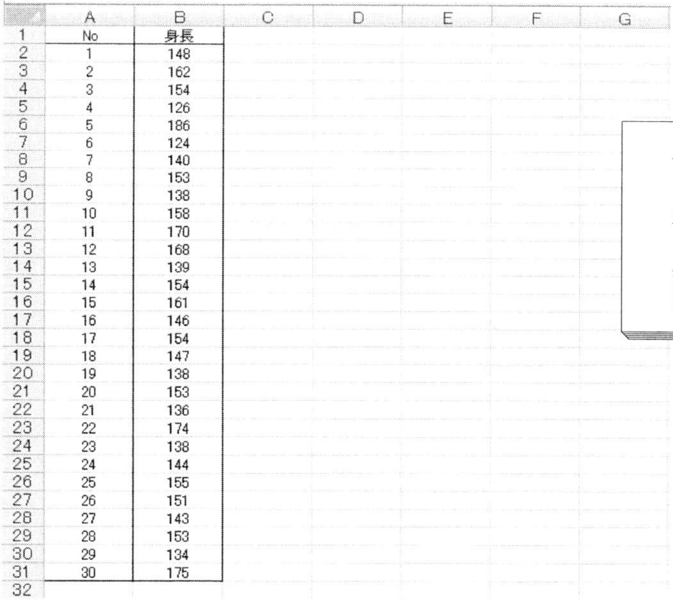

No	身長
1	148
2	162
3	154
4	126
5	186
6	124
7	140
8	153
9	138
10	158
11	170
12	168
13	139
14	154
15	161
16	146
17	154
18	147
19	138
20	153
21	136
22	174
23	138
24	144
25	155
26	151
27	143
28	153
29	134
30	175

データ

並べ替え

昇順
降順

❷ データのメニューから，並べ替え を選択します．

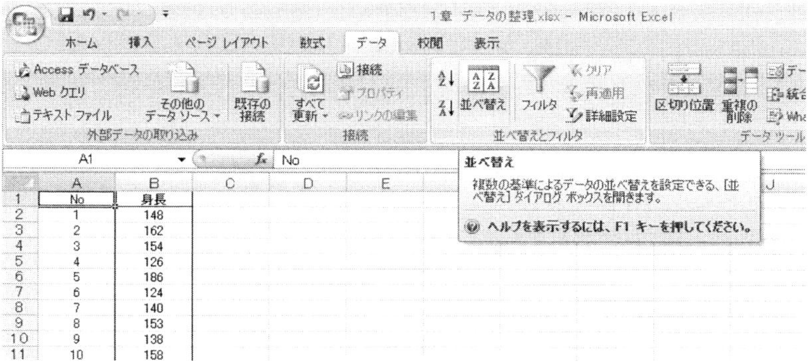

❸ 身長を選択して，［OK］ボタンを押すと…

❹ 次のように，身長のデータを小さい方から大きい方へカンタンに並べ替えることができます．

	A	B
1	No	身長
2	6	124
3	4	126
4	29	134
5	21	136
6	9	138
7	19	138
8	23	138
9	13	139
10	7	140
11	27	143
12	24	144
13	16	146
14	18	147
15	1	148
16	26	151
17	8	153
18	20	153
19	28	153
20	3	154
21	14	154
22	17	154
23	25	155
24	10	158
25	15	161
26	2	162
27	12	168
28	11	170
29	22	174
30	30	175
31	5	186
32		

小さい方から大きい方
＝昇順

大きい方から小さい方
＝降順

研究テーマ

研究テーマ１の１

自分に興味のあるデータを新聞やインターネットで集めましょう.

1. サッカーチームの勝負
2. CD の売り上げ

研究テーマ１の２

自分に興味のあることを観察し，データを取りましょう.

1. アサガオの観察
2. お母さんの体重

研究テーマ１の３

自分に興味のあることを実験して，データを記録しましょう.

1. ローソクの実験
2. お風呂に水をためる実験

自分にとって
興味のあるデータを
集めてみることが
統計を勉強してみよう
という強い動機づけに
なります.

2章　いろいろな種類のグラフ

2.1 グラフ表現

どっちが多い？

音楽に興味のあるタカコさんは，次のようなデータを集めてきました．

表 2.1.1　小学生の習い事（人数）

種類	スポーツ	音楽	習字	英語	そろばん	ダンス	その他
女子	36	36	21	16	8	11	7
男子	65	9	11	14	6	1	4

- このデータから知りたいことは，習い事の人数の比較です．

何パーセントかな？

おまわりさんになりたいと思っているコウシロウ君は，次のようなデータを集めてきました．

表 2.1.2　歩行中の交通事故（人数）

種類	飛び出し	横断違反	信号無視	路上遊戯	その他
人数	267	60	29	26	32

- このデータから知りたいことは，事故の比率です．

変化した？

天気予報に興味のあるユウジロウ君は，次のようなデータを集めてきました．

表 2.1.3　平均気温と降水量の変化

月別	1月	2月	3月	4月	5月	6月	7月	8月	9月	10月	11月	12月
最高気温	9.5	9.7	12.5	17.9	22.2	24.6	28.1	30.1	26.5	21.4	16.6	12.1
最低気温	1.4	1.8	4.5	9.9	14.5	18.2	21.9	23.6	20.2	14.4	8.7	3.7
降水量	54	61	102	112	102	139	131	116	189	167	86	40

●このデータから知りたいことは，毎月の気温の変化です．

統計処理の第一歩

統計処理で大切なことは

グラフ表現

です．

グラフ表現をすると，データの特徴が見えてきます．

グラフ表現には

- ●棒グラフ
- ●帯グラフ
- ●ステレオグラム
- ●円グラフ
- ●折れ線グラフ
- ●ヒストグラム
- ●散布図
- ●箱ヒゲ図
- ●レーダーチャート
- ●管理図

などがあります．

データに適したグラフを選びましょう．

2.2 棒グラフ —— データの大小関係を表現する

データが，いくつかのカテゴリ A_1，A_2，…，A_n に分類されて，それぞれのカテゴリ A_i のデータ数 x_i が，次の表のように与えられているとします．

表 2.2.1　棒グラフのデータ

カテゴリ	A_1	A_2	…	A_n
データ x	x_1	x_2	…	x_n

このようなカテゴリ A_1，A_2，…，A_n の大小関係を比較したいときは

棒グラフ

が適しています．

カテゴリとは一定の基準で分類した区分のことです．

大小比較は
棒グラフ
= bar graph

Excel の棒グラフ

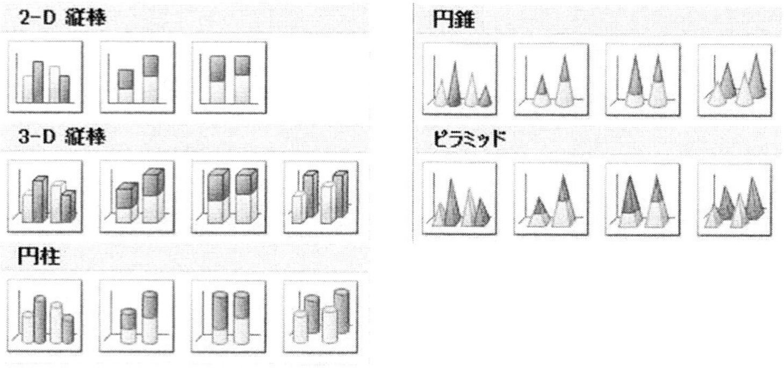

■ 公式 — 棒グラフ —

① 次のような表を用意します.　② 表 2.2.2 の棒グラフを描きます.

表 2.2.2　データの型

カテゴリ	データ x
A_1	x_1
A_2	x_2
⋮	⋮
A_n	x_n

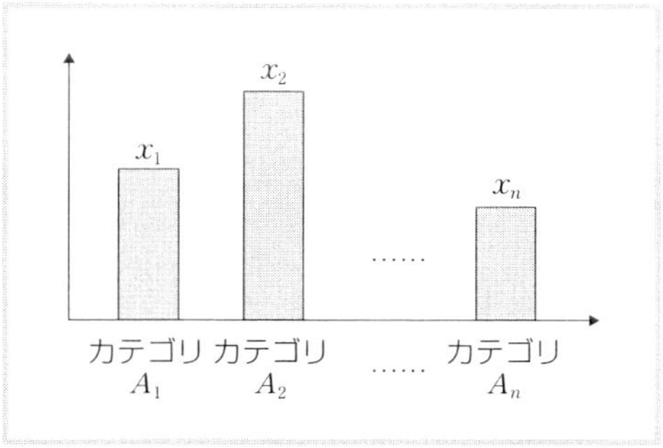

図 2.2.1　棒グラフ

■ 例題 — 棒グラフ —

① 次のような表を用意します.　② 表 2.2.3 の棒グラフを描きます.

表 2.2.3　習い事

種類	女子	男子
スポーツ	36	65
音楽	36	9
習字	21	11
英語	16	14
そろばん	8	6
ダンス	11	1
その他	7	4

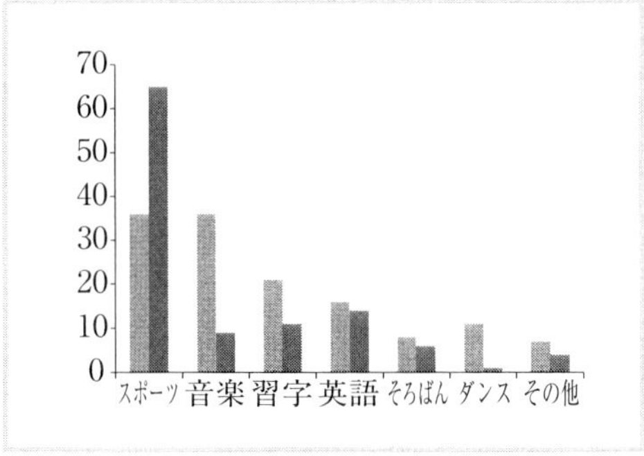

図 2.2.2　習い事

2.3 円グラフ —— データの比率を表現する

データが，いくつかのカテゴリ A_1，A_2，…，A_n に分類されて，それぞれのカテゴリ A_i のデータ数 x_i が，次の表のように与えられているとします．

表 2.3.1 円グラフのデータ

カテゴリ	A_1	A_2	…	A_n
データ x	x_1	x_2	…	x_n

このようなカテゴリ A_1，A_2，…，A_n の比率を比較したいときには

円グラフ

が適しています．

カテゴリとは一定の基準で分類した区分のことです．

パーセントは
円グラフ
= pie charts

Excel の円グラフ

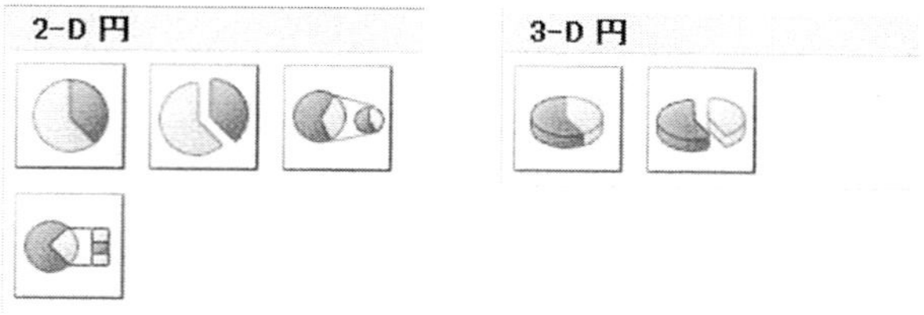

■ 公式 — 円グラフ —

① 次のような表を用意します．

表 2.3.2 データの型

カテゴリ	データ x	比率	パーセント	角度
A_1	x_1	$\dfrac{x_1}{\sum_{i=1}^{n} x_i}$	$\dfrac{x_1}{\sum_{i=1}^{n} x_i} \times 100$	$\dfrac{x_1}{\sum_{i=1}^{n} x_i} \times 360°$
A_2	x_2	$\dfrac{x_2}{\sum_{i=1}^{n} x_i}$	$\dfrac{x_2}{\sum_{i=1}^{n} x_i} \times 100$	$\dfrac{x_2}{\sum_{i=1}^{n} x_i} \times 360°$
⋮	⋮	⋮	⋮	⋮
A_n	x_n	$\dfrac{x_n}{\sum_{i=1}^{n} x_i}$	$\dfrac{x_n}{\sum_{i=1}^{n} x_i} \times 100$	$\dfrac{x_n}{\sum_{i=1}^{n} x_i} \times 360°$
合計	$\sum_{i=1}^{n} x_i$	1	100	360°

② 表 2.3.2 の円グラフを描きます．

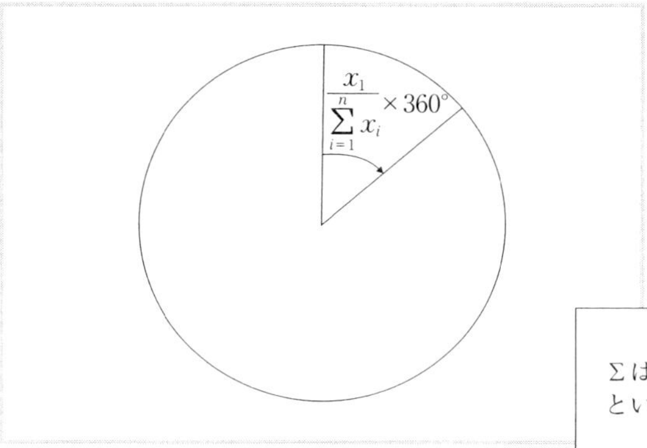

図 2.3.1 円グラフ

Σは “合計する”
という記号です

$$\sum_{i=1}^{n} x_i = x_1 + x_2 + \cdots + x_i + \cdots + x_n$$

■ 例題 — 円グラフ —

① 次のような表を用意します.

表 2.3.3 歩行中の交通事故

種類	人数	比率	パーセント	角度
飛び出し	267	0.645	64.5	232
横断違反	60	0.145	14.5	52
信号無視	29	0.070	7.0	25
路上遊戯	26	0.063	6.3	23
その他	32	0.077	7.7	28
合計	414	1.000	100.0	360

② 表 2.3.3 の円グラフを描きます.

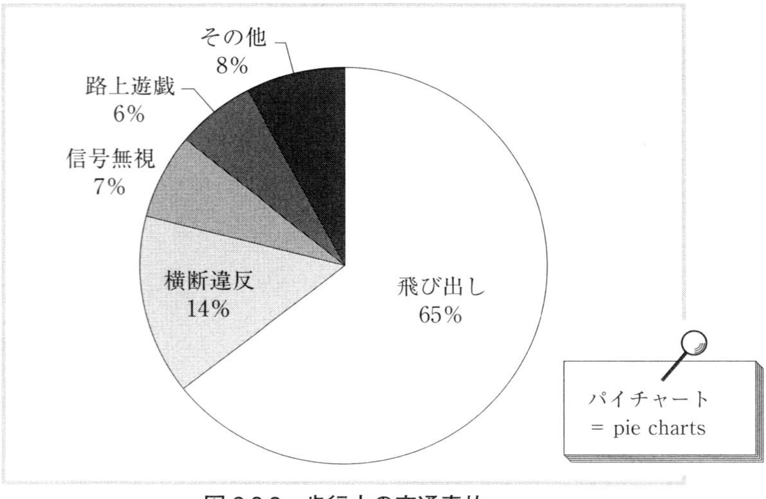

図 2.3.2 歩行中の交通事故

2.4 折れ線グラフ —— データの変化を表現する

データ x_1, x_2, …, x_n が時間の経過 t_1, t_2, …, t_n によって次の表のように与えられているとします.

表 2.4.1 折れ線グラフのデータ

時間 t	t_1	t_2	……	t_n
データ x	x_1	x_2	……	x_n

このような x_1, x_2, …, x_n の変化を表現したいときには

折れ線グラフ

が適しています.

時系列データのときは

$$x(t_1) \quad x(t_2) \quad \cdots \quad x(t_n)$$

と書くこともあります.

変化のパターンは
折れ線グラフ
= line graph

Excel の折れ線グラフ

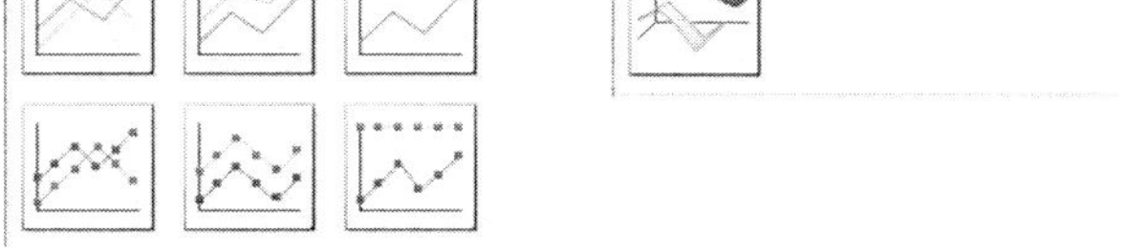

■ 公式 — 折れ線グラフ —

① 次のような表を用意します.

表 2.4.2 データの型

時間 t	データ x
t_1	x_1
t_2	x_2
⋮	⋮
t_n	x_n

② 表 2.4.2 の折れ線グラフを描きます.

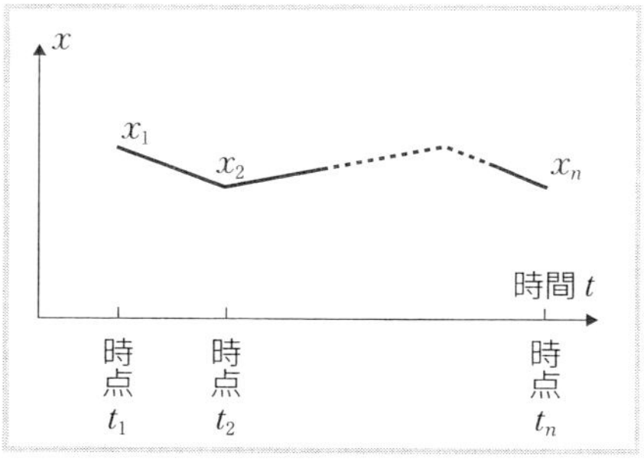

図 2.4.1 折れ線グラフ

■ 例題 — 折れ線グラフ —

① 次のような表を用意します.

表 2.4.3 気温の変化

月別	最高気温	最低気温
1 月	9.5	1.4
2 月	9.7	1.8
3 月	12.5	4.5
4 月	17.9	9.9
5 月	22.2	14.5
6 月	24.6	18.2
7 月	28.1	21.9
8 月	30.1	23.6
9 月	26.5	20.2
10 月	21.4	14.4
11 月	16.6	8.7
12 月	12.1	3.7

② 表 2.4.3 の折れ線グラフを描きます.

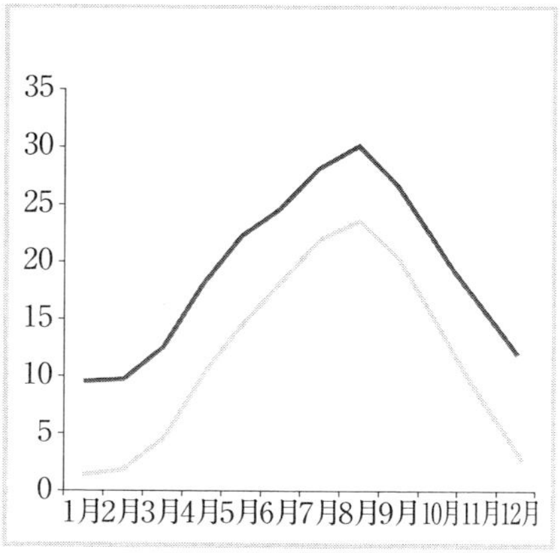

図 2.4.2 気温の変化

研究テーマ

研究テーマ２の１

棒グラフに適したデータを探し，そのグラフを描きましょう．

1. 日本の県の人口
2. 世界の国の輸出高

大小比較は
棒グラフ

研究テーマ２の２

円グラフに適したデータを探し，そのグラフを描きましょう．

1. 政党支持率
2. 日本の職業比率

比率・割合
パーセントは
円グラフ

研究テーマ２の３

折れ線グラフに適したデータを探し，そのグラフを描きましょう．

1. 会社の株価
2. ガスの使用量

時系列データは
折れ線グラフ

3章 データをまとめる

3.1 データを測定する

測ってみよう！— その1 —

ユウジロウ君のクラスでは，ビオトープの池でオタマジャクシの観察をしています．

そこで，池の中のオタマジャクシを1匹つかまえて，その体長をみんなで順番に測定しました．

表 3.1.1　1匹のオタマジャクシを10人で測定（cm）

No	名前	測定値
1	A さん	6.5
2	B 君	6.1
3	C さん	6.6
4	D さん	6.3
5	E 君	6.9
6	F 君	6.2
7	G 君	6.7
8	H さん	6.4
9	I 君	6.5
10	J さん	6.8

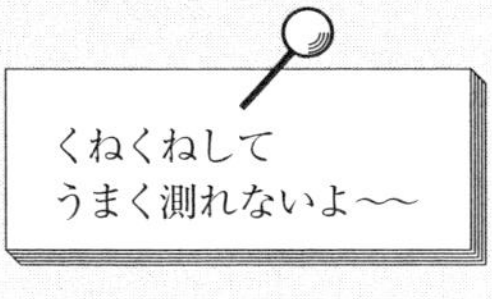

● このオタマジャクシの体長は何 cm なのでしょうか？

この10回の測定値をグラフで表現してみると…

この測定値のデータをグラフで表現すると，次のようになります．

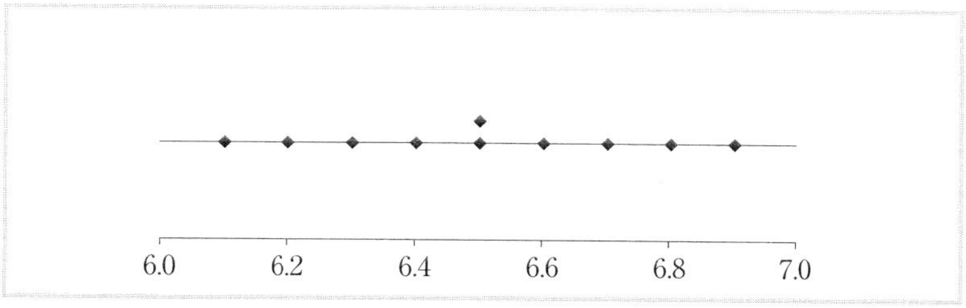

図 3.1.1　10 回の測定値

このように，測定値には

誤差

があります．

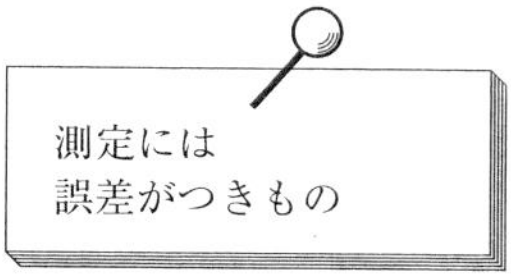

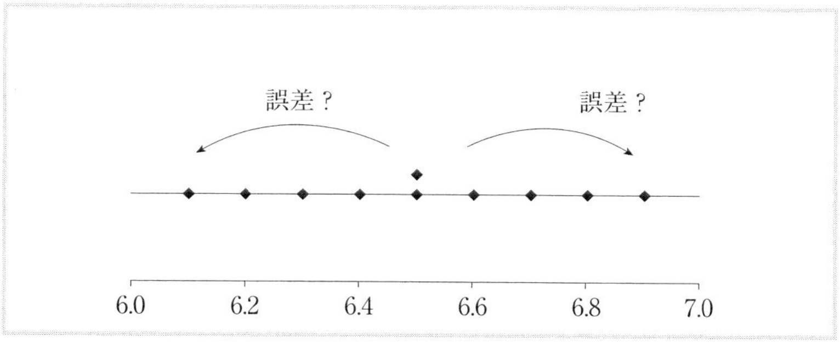

図 3.1.2　測定の誤差？

そこで，このオタマジャクシの体長は，次のように計算します．

$$体長 = \frac{6.5 + 6.1 + 6.6 + \cdots\cdots + 6.5 + 6.8}{10}$$

$$= \frac{65}{10} = 6.5$$

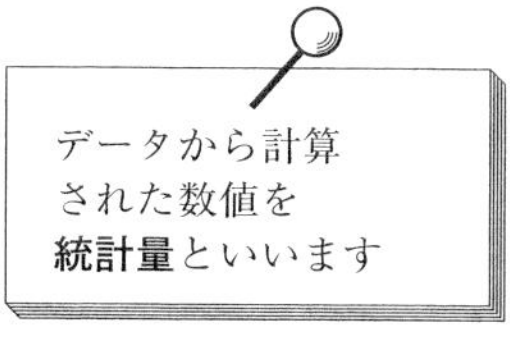

3.2 データの代表と範囲

測ってみよう！— その２ —

コウシロウ君は，A 組のビオトープのオタマジャクシ 10 匹とB 組のビオトープのオタマジャクシ 10 匹の，それぞれの体長を測定しました．

表 3.2.1　A 組と B 組のビオトープ（cm）

A 組のオタマジャクシ

No	体長
1	6.5
2	3.4
3	7.8
4	4.7
5	3.6
6	8.5
7	6.2
8	5.8
9	3.2
10	4.9

B 組のオタマジャクシ

No	体長
1	4.5
2	8.1
3	3.7
4	4.8
5	2.4
6	6.5
7	7.4
8	2.1
9	5.8
10	9.3

● A 組と B 組のオタマジャクシを比べてみましょう．

はじめに，A 組と B 組のオタマジャクシの体長をグラフで表すと……

データを代表する値

A 組と B 組のオタマジャクシの体長をグラフで表現すると，次のようになります．

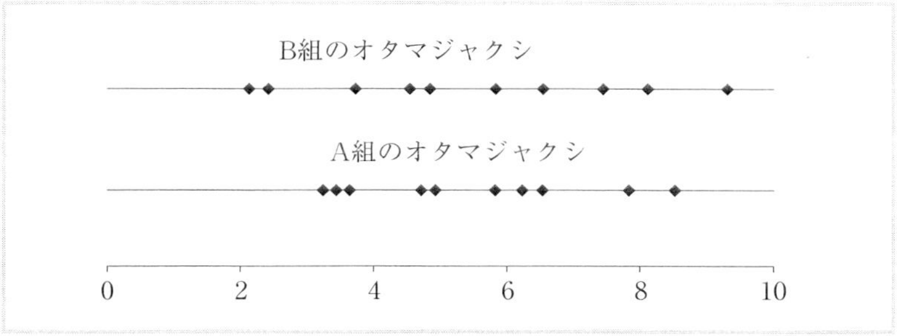

図 3.2.1　A 組と B 組のグラフ表現

● A 組の 10 匹のオタマジャクシの合計は，

$$
\begin{aligned}
\text{合計} &= 6.5 + 3.4 + 7.8 + \cdots + 3.2 + 4.9 \\
&= 54.6
\end{aligned}
$$

となるので，オタマジャクシの平均体長は，次のようになります．

$$
\begin{aligned}
\text{A組の平均体長} &= \frac{54.6}{10} \quad \text{……データを代表する値} \\
&= 5.46
\end{aligned}
$$

データを代表する値で比較しよう

● B 組の 10 匹のオタマジャクシの合計は，

$$
\begin{aligned}
\text{合計} &= 4.5 + 8.1 + 3.7 + \cdots + 5.8 + 9.3 \\
&= 54.6
\end{aligned}
$$

となるので，オタマジャクシの平均体長は，次のようになります．

$$
\begin{aligned}
\text{B組の平均体長} &= \frac{54.6}{10} \quad \text{……データを代表する値} \\
&= 5.46
\end{aligned}
$$

したがって，A 組と B 組のオタマジャクシの平均体長は同じです.

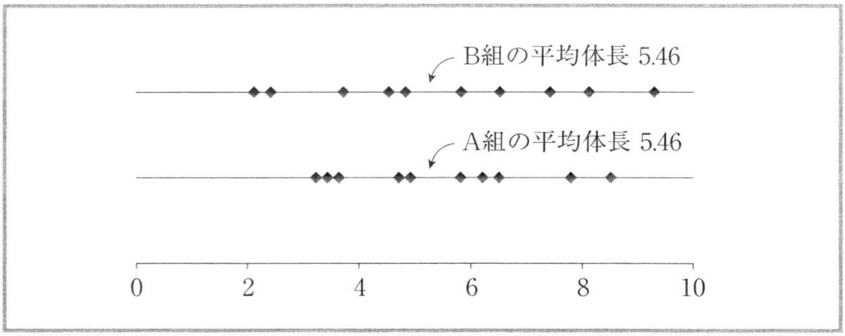

図 3.2.2　A 組と B 組の平均体長の比較

でも，2 組のグラフはずいぶん異なっています.

A 組のオタマジャクシに比べて，B 組のオタマジャクシは
左右に散らばっています.

このようなときは，最小値と最大値の差を計算してみましょう.

この差のことを

範囲　＝　最大値　－　最小値

といいます.

範囲＝
データの散らばり

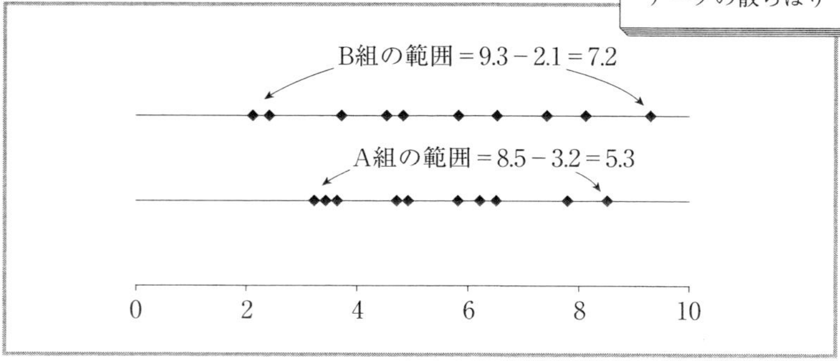

図 3.2.3　A 組と B 組の範囲の比較

範囲を使うと，データの散らばりの程度を
数値で比較できます.

3.3 度数分布とヒストグラム

調べてみよう！

タカコさんは社会科の授業で，稲作について学びました．

そこで，日本の各県の稲の収穫量について調査したところ次のようなデータを得ました．

表 3.3.1　各県の稲の収穫量（100t）

順位	都道府県	稲の収穫量	順位	都道府県	稲の収穫量
1	北海道	683	24	広　島	143
2	新　潟	652	25	石　川	142
3	秋　田	544	26	岐　阜	127
4	福　島	449	27	山　口	123
5	山　形	430	28	鹿児島	121
6	茨　城	425	29	大　分	120
7	宮　城	424	30	島　根	106
8	栃　木	375	31	宮　崎	103
9	千　葉	339	32	群　馬	96
10	岩　手	326	32	静　岡	96
11	青　森	323	34	京　都	85
12	長　野	237	35	愛　媛	79
13	富　山	221	36	香　川	77
14	兵　庫	208	37	鳥　取	73
15	熊　本	204	38	徳　島	69
16	福　岡	201	39	高　知	66
17	滋　賀	189	39	長　崎	66
18	埼　玉	185	41	奈　良	50
19	岡　山	182	42	和歌山	39
20	愛　知	162	43	山　梨	31
21	三　重	161	43	大　阪	31
22	福　井	148	45	神奈川	16
23	佐　賀	145	46	沖　縄	3
			47	東　京	0.9

● このようなデータは，どのようにまとめればいいのでしょうか？

資料の要約

このようなデータのまとめ方として

度数分布

という考え方があります．

度数とは階級に含まれているデータの個数のことなので，次のような表にまとめたものを

度数分布表

といいます．

表 3.3.2　度数分布表

稲の収穫量	都道府県の数
0 以上 ～ 100 未満	16
100 以上 ～ 200 未満	15
200 以上 ～ 300 未満	5
300 以上 ～ 400 未満	4
400 以上 ～ 500 未満	4
500 以上 ～ 600 未満	1
600 以上 ～ 700 未満	2

この度数分布表を，次のようなグラフで表現したものを

ヒストグラム

といいます．

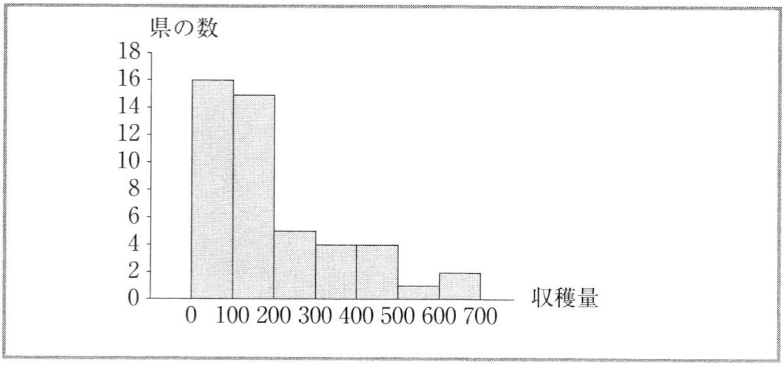

図 3.3.1　ヒストグラム

度数分布表の作り方とヒストグラム

① データの最大値と最小値を探し，

$$範囲 = 最大値 - 最小値$$

を計算します．

② 範囲をいくつかの**階級**に分割します．

表 3.3.4 階級に分けて…

階　級	度　数
$a_0 \sim a_1$	
$a_1 \sim a_2$	
⋮	
$a_{n-1} \sim a_n$	

≦最小値
⋮
≦データ＜
⋮
最大値＜

③ それぞれの階級に属するデータの個数を数え上げます．

表 3.3.5 度数を数える

階　級	度　数
$a_0 \sim a_1$	f_1 個
$a_1 \sim a_2$	f_2 個
⋮	⋮
$a_{n-1} \sim a_n$	f_n 個

度数の合計
＝**総度数**

階級に属するデータの個数のことを**度数**といいます．

④　横軸に階級をとります．縦軸に度数をとり

ヒストグラムを描きます．

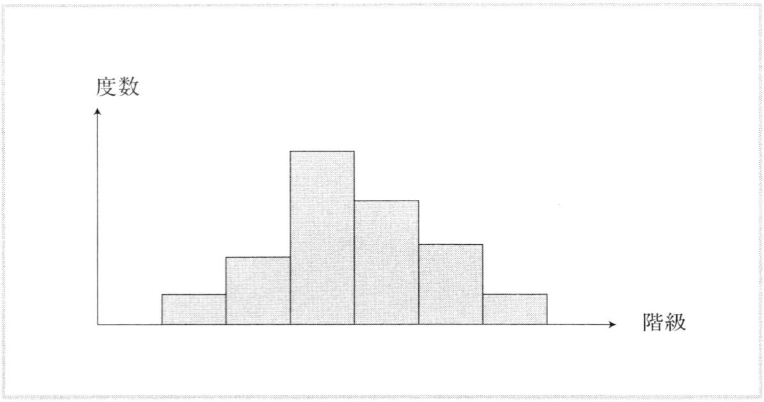

図 3.3.2　ヒストグラム

データを数直線上に並べる

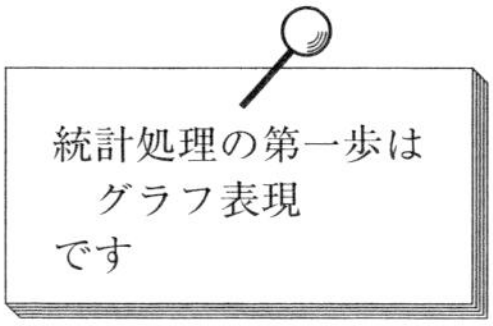

データを数直線上に並べるときは

次のようなグラフ表現もあります．

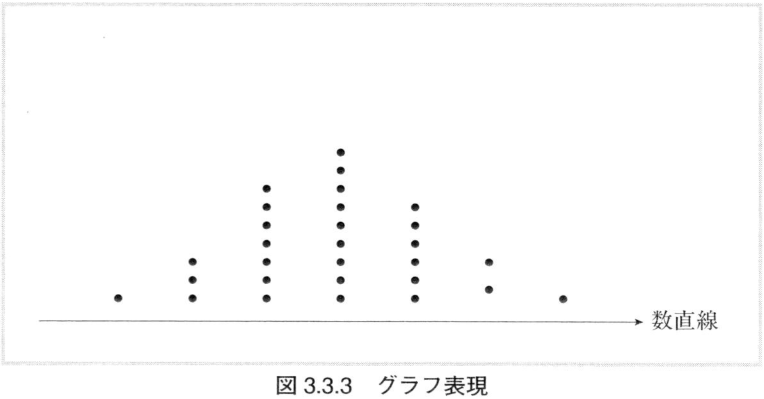

図 3.3.3　グラフ表現

研究テーマ

研究テーマ３の１

３年Ａ組では30人が一人ひとり，アサガオを育てています．
ある日の朝のアサガオの花の数を調べてみましょう．

研究テーマ３の２

アサガオの花の数の度数分布表を作りましょう．

No	花の個数
1	個
2	個
3	個
4	個
5	個
6	個
7	個
8	個
9	個
10	個

No	花の個数
11	個
12	個
13	個
14	個
15	個
16	個
17	個
18	個
19	個
20	個

No	花の個数
21	個
22	個
23	個
24	個
25	個
26	個
27	個
28	個
29	個
30	個

研究テーマ３の３

ヒストグラムを描きましょう．

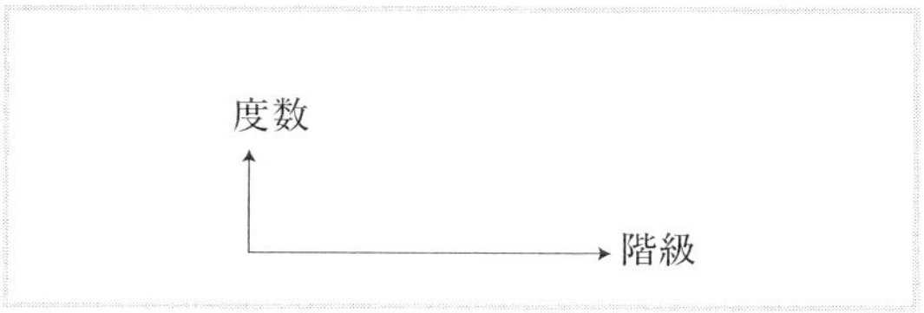

4章　起こりうる場合の数

4.1 起こりうる場合

どれを選ぶ？

明日は，待ちに待った遠足なので，ユウジロウ君はそわそわしています．

ユウジロウ君は，

『おべんとう箱に何を入れてもらおうかな？』

と悩んでいます．

表 4.1.1　おべんとう箱の中身

おにぎり	鮭おにぎり 梅おにぎり 昆布おにぎり	ツナマヨおにぎり タラコおにぎり
おかず	唐揚げ ハンバーグ	ソーセージ 卵焼き
おやつ	ビスケット ピーナッツ クッキー	おせんべい ポテトチップス チョコレート

起こりうる場合の数を考えるとき，次の２つの考え方があります．

1. 組合せ
2. 順列

このとき，大切な点は

“順序よくすべての場合を列挙する”

ということです．

4.2 組合せ

いくつかの中から何個かを選び出すとき，何通りの**組合せ**があるのかを調べます.

例えば，表 4.1.1. の 5 種類のおにぎり

{ A 鮭おにぎり B ツナマヨおにぎり C 梅おにぎり D タラコおにぎり E 昆布おにぎり }

の中から，3 種類のおにぎりを選び出す組合せは，
次の 10 通りです.

組合せ 1. { A 鮭おにぎり B ツナマヨおにぎり C 梅おにぎり }

組合せ 2. { A 鮭おにぎり B ツナマヨおにぎり D タラコおにぎり }

組合せ 3. { A 鮭おにぎり B ツナマヨおにぎり E 昆布おにぎり }

組合せ 4. { A 鮭おにぎり C 梅おにぎり D タラコおにぎり }

組合せ 5. { A 鮭おにぎり C 梅おにぎり E 昆布おにぎり }

組合せ 6. { A 鮭おにぎり D タラコおにぎり E 昆布おにぎり }

組合せ 7. { B ツナマヨおにぎり C 梅おにぎり D タラコおにぎり }

組合せ 8. { B ツナマヨおにぎり C 梅おにぎり E 昆布おにぎり }

組合せ 9. { B ツナマヨおにぎり D タラコおにぎり E 昆布おにぎり }

組合せ 10. { C 梅おにぎり D タラコおにぎり E 昆布おにぎり }

■ 樹形図の利用 — 組合せの場合 —

このようなとき，次の樹形図を利用すると

“落ち”や“重なり”

をなくすることができます．

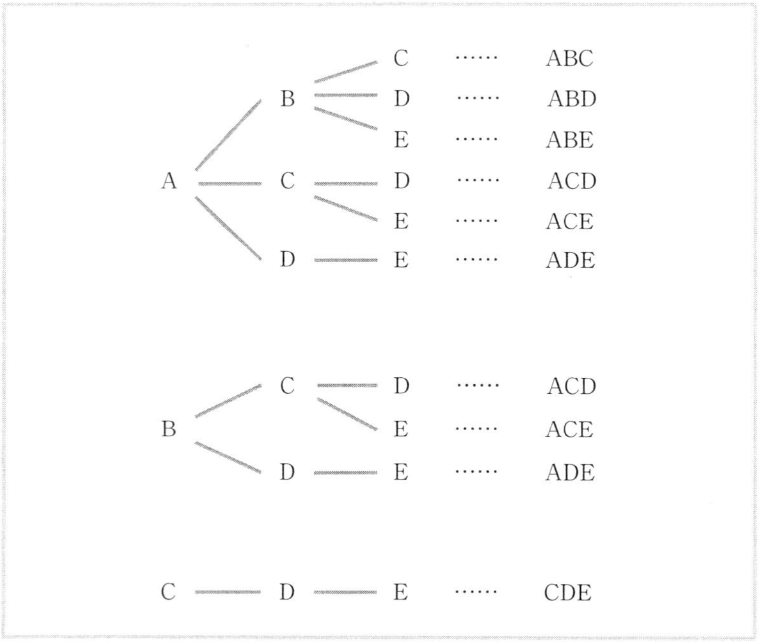

図 4.2.1　組合せの樹形図

- A — B — C　の次は
  A，B を固定して C を動かします
  A — B — □

- A — B — E　の次は
  A を固定して B を動かします
  A — □ — □

順序よく
すべての場合を！

4.3 順列

あることがらの並び方を**順列**といいます.

例えば，5つのサッカーチーム

$$\left\{ \begin{array}{lll} \text{チームA} & \text{チームB} & \text{チームC} \\ \text{チームD} & \text{チームE} & \end{array} \right\}$$

の入場行進の並び方は順列の例です.

いくつかの中から何個かを選び出して順番に並べるとき
その順列が全部で何通りあるのかを調べます.

例えば，表4.1.1の5種類のおにぎりの中から3種類

{ A鮭おにぎり　　Bツナマヨおにぎり　　C梅おにぎり }

を選び出し，それを食べる順列は，次の6通りです.

	1番目	2番目	3番目
順列1	A鮭おにぎり	Bツナマヨおにぎり	C梅おにぎり
順列2	A鮭おにぎり	C梅おにぎり	Bツナマヨおにぎり
順列3	Bツナマヨおにぎり	A鮭おにぎり	C梅おにぎり
順列4	Bツナマヨおにぎり	C梅おにぎり	A鮭おにぎり
順列5	C梅おにぎり	A鮭おにぎり	Bツナマヨおにぎり
順列6	C梅おにぎり	Bツナマヨおにぎり	A鮭おにぎり

■ 樹形図の利用 ― 順列の場合 ―

このようなとき，次の樹形図を利用すると，

“落ち” や “重なり”

をなくすることができます．

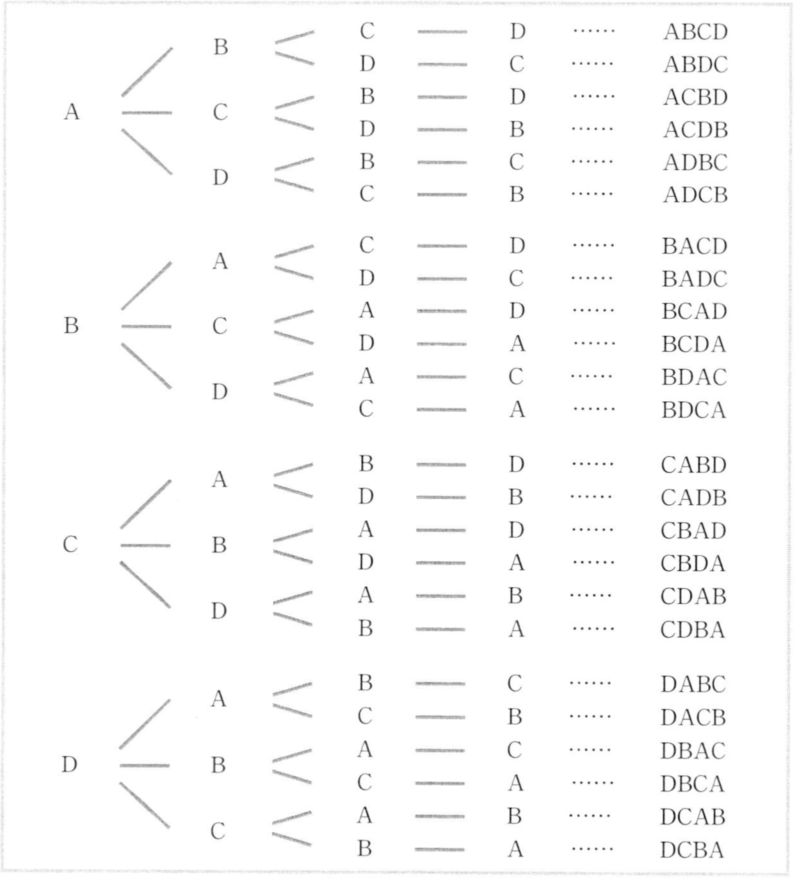

図 4.3.1 順列の樹形図

研究テーマ

研究テーマ４の１

コウシロウ君は，最短ルートでおばあさんの家に行きたいと思っています．

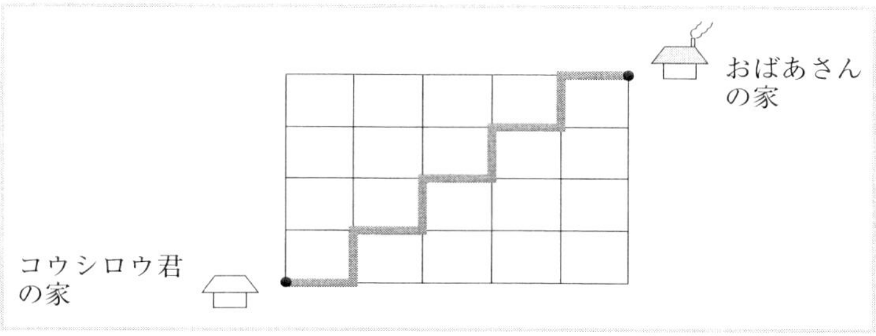

図　最短ルート

コウシロウ君の家から，おばあさんの家に行く最短ルートは何通りありますか？

研究テーマ４の２

ゲームの好きなコウシロウ君は，おばあさんの家に行く途中ゲームセンターへ寄って行こうと思っています．

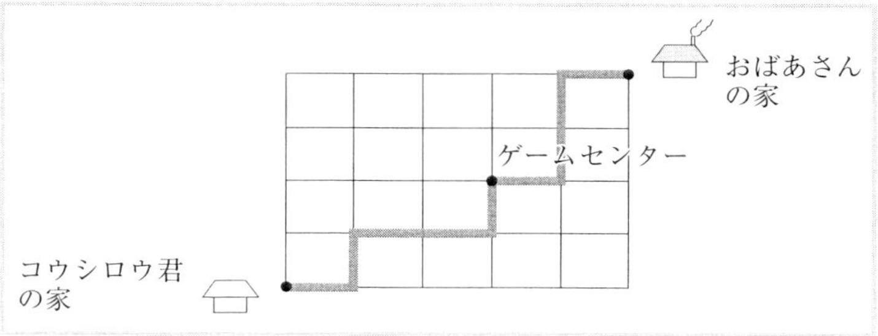

図　寄り道ルート

このとき，おばあさんの家へ行く道は何通りありますか？

研究テーマ４の３

赤ずきんちゃんは，おばあさんの家へ行きたいと思っています．
でも，途中にこわいオオカミの家があります．

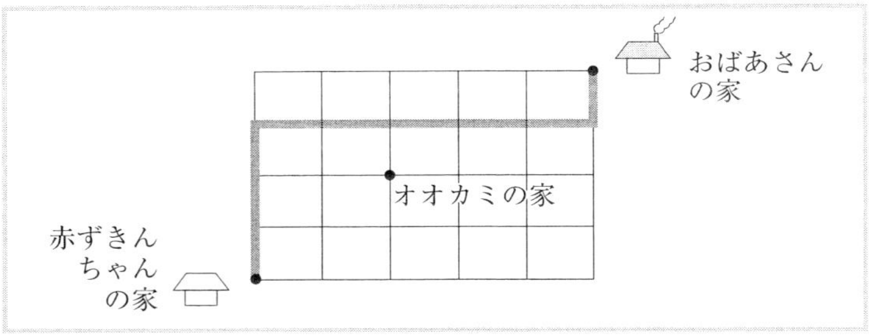

図　危険なルート？

オオカミの家を通らないで，おばあさんの家へ行く道は
何通りありますか？

Excel の関数

COMBIN 関数　　指定された個数を選択するときの組み合わせの数を返します

PERMUT 関数　　与えられた標本数から指定した個数を選択する場合の順列を返します

第2部

第2部では　次のようなことを学びます

5章　度数分布表とヒストグラム
—— 並べ替え・階級 ——

6章　データの代表値
—— 平均値・中央値・最頻値 ——

7章　不確実な事象
—— ことがら・確率 ——

8章　標本調査
—— 母集団・標本 ——

第2部は
　度数分布
　平均値
　確率
について学びます

5章　度数分布表とヒストグラム

5.1 データを要約する

長い人はだれ？

タカコさんは

『最近，携帯電話の使いすぎじゃない？』

とお母さんに注意されました.

自分ではそんなに長く電話をしていないと思ったタカコさんは，次の日学校へ行って，お友達に電話の時間をたずねてみました.

表 5.1.1　女子中学生 40 人の電話の時間（分）

No	時間	No	時間	No	時間	No	時間
1	42	11	74	21	56	31	84
2	65	12	47	22	57	32	71
3	96	13	32	23	78	33	63
4	72	14	82	24	73	34	95
5	25	15	83	25	88	35	67
6	41	16	91	26	69	36	62
7	52	17	21	27	77	37	55
8	68	18	85	28	80	38	65
9	61	19	40	29	48	39	58
10	57	20	31	30	76	40	62

タカコさんの携帯電話の使用時間は 54 分間でした.

- タカコさんの使用時間は，40 人の女子中学生の使用時間に比べて長いのでしょうか？　それとも短いのでしょうか？

5.2 並べ替え

そこで，タカコさんは 40 人のデータを大きさの順に並べ替えてみました．

表 5.2.1 データの並べ替え

順位	No	時間
1	17	21
2	5	25
3	20	31
4	13	32
5	19	40
6	6	41
7	1	42
8	12	47
9	29	48
10	7	52
11	37	55
12	21	56
13	10	57
14	22	57
15	39	58
16	9	61
17	36	62
18	40	62
19	33	63
20	2	65
21	38	65
22	35	67
23	8	68
24	26	69
25	32	71
26	4	72
27	24	73
28	11	74
29	30	76
30	27	77
31	23	78
32	28	80
33	14	82
34	15	83
35	31	84
36	18	85
37	25	88
38	16	91
39	34	95
40	3	96

データは
大きさの順に！

昇順
小さい
↓
大きい

降順
大きい
↓
小さい

40 人のデータを並べ替えてみると，
タカコさんの携帯電話の使用時間は 10 番目と 11 番目の間に入っています．

Excel を利用すると
データをカンタンに
並べ替えることが
できます

5.3 度数分布表とヒストグラム

タカコさんは，40 人のデータを，次のような見やすい表にまとめてみました.

表 5.3.1 階級と度数

時間	人数
20 ≦ データ ＜ 30	2
30 ≦ データ ＜ 40	3
40 ≦ データ ＜ 50	4
50 ≦ データ ＜ 60	6
60 ≦ データ ＜ 70	9
70 ≦ データ ＜ 80	8
80 ≦ データ ＜ 90	5
90 ≦ データ ＜ 100	3

度数＝
frequency

度数の合計
＝総度数

このような表を

度数分布表

といいます.

度数分布表では，

階級　階級値　度数　相対度数　累積度数　累積相対度数

といった統計用語を使います.

表 5.3.2 度数分布表

階級	階級値	度数	相対度数	累積度数	累積相対度数
～					
～					
～					
～					
～					
～					
～					
～					
	合計				

度数を総度数で割り算したものを

$$\textbf{相対度数} = \frac{\text{度数}}{\text{総度数}}$$

といいます．

相対度数は
階級の確率です

度数や相対度数を次々に合計したものを

累積度数　　**累積相対度数**

といいます．

階級値とは，階級の真ん中の値のことです．

確率は
　7章と11章
で学びます

度数分布表をグラフで表現したものを

ヒストグラム

といいます．

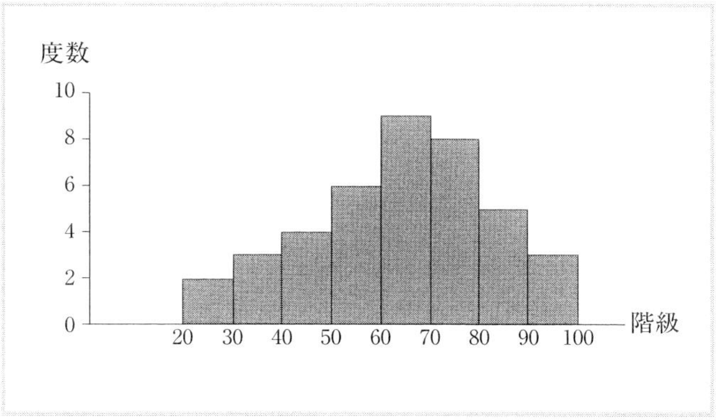

図 5.3.1　ヒストグラム

統計処理の第一歩は
グラフ表現です

■ 公式 — 度数分布表の作り方 —

① データの最大値と最小値を探します.

$a_0 \leqq$ 最小値
⋮
$a_{i-1} \leqq$ データ $< a_i$
⋮
最大値 $< a_n$

② 範囲 R = 最大値 − 最小値を
n 個の階級に分割します.

③ n 個の階級

$$a_0 \sim a_1, \quad a_1 \sim a_2, \quad \cdots, \quad a_{n-1} \sim a_n$$

を

$$a_1 = a_0 + \frac{R}{n}, \quad a_2 = a_1 + \frac{R}{n}, \quad \cdots, \quad a_n = a_{n-1} + \frac{R}{n}$$

として，各階級に属するデータの個数を数え上げると
度数分布表の出来上がりです.

表 5.3.3 度数分布表の公式

階級	階級値	度数	相対度数	累積度数	累積相対度数
$a_0 \sim a_1$	m_1	f_1	$\frac{f_1}{N}$	f_1	$\frac{f_1}{N}$
$a_1 \sim a_2$	m_2	f_2	$\frac{f_2}{N}$	$f_1 + f_2$	$\frac{f_1 + f_2}{N}$
⋮	⋮	⋮	⋮	⋮	⋮
$a_{n-1} \sim a_n$	m_n	f_n	$\frac{f_n}{N}$	$f_1 + f_2 + \cdots + f_n$	$\frac{f_1 + f_2 + \cdots + f_n}{N}$
	合計	N	1		

- 各階級に度数の和を対応させたものを**累積度数**といいます.
- 度数や累積度数を総度数 N で割ったものを**相対度数**，**累積相対度数**といいます.

■ 例題 ― 度数分布表の作り方 ―

① データの最大値と最小値を探します.

最大値 = 96　　最小値 = 21

② 次に範囲を求めます.

範囲 $R = 96 - 21 = 75$

階級の幅を，区切りよく決めます.

$$\frac{75}{\square} = \square \dashrightarrow \frac{80}{8} = 10$$

したがって，階級は次のようになります.

> 階級の数と
> 階級の幅を
> 工夫して
> $\frac{80}{8} = 10$
> とします

表 5.3.4　階級を決めて，度数を数える

階級	階級値	度数	相対度数	累積度数	累積相対度数
20 〜 30					
30 〜 40					
40 〜 50					
50 〜 60					
60 〜 70					
70 〜 80					
80 〜 90					
90 〜 100					

③ あとは，各階級に含まれるデータの個数を数え上げると，
次のような度数分布表が出来上がります.

表 5.3.5　度数分布表の完成

階級	階級値	度数	相対度数	累積度数	累積相対度数
20 〜 30	25	2	0.050	2	0.050
30 〜 40	35	3	0.075	5	0.125
40 〜 50	45	4	0.100	9	0.225
50 〜 60	55	6	0.150	15	0.375
60 〜 70	65	9	0.225	24	0.600
70 〜 80	75	8	0.200	32	0.800
80 〜 90	85	5	0.125	37	0.925
90 〜 100	95	3	0.075	40	1.000
	合計	40	1		

研究テーマ

研究テーマ５の１

男子中学生の携帯電話使用時間を調査しましょう．

表　男子中学生 35 人の携帯電話使用時間（分）

No	使用時間	No	使用時間
1	48	21	35
2	51	22	25
3	12	23	48
4	62	24	54
5	35	25	58
6	21	26	50
7	36	27	45
8	79	28	24
9	67	29	34
10	14	30	30
11	38	31	23
12	47	32	37
13	41	33	38
14	75	34	27
15	41	35	63
16	85		
17	39		
18	52		
19	31		
20	60		

$$R = 85 - 12$$
$$= 73$$

そこで…

$$\frac{80}{8} = 10$$

研究テーマ５の２

次のような度数分布表にまとめてみましょう.

表　度数分布表を作る

階級	階級値	度数	相対度数	累積度数	累積相対度数
10　～　20					
20　～　30					
30　～　40					
40　～　50					
50　～　60					
60　～　70					
70　～　80					
80　～　90					
	合計				

研究テーマ５の３

次のようなヒストグラムを描いてみましょう.

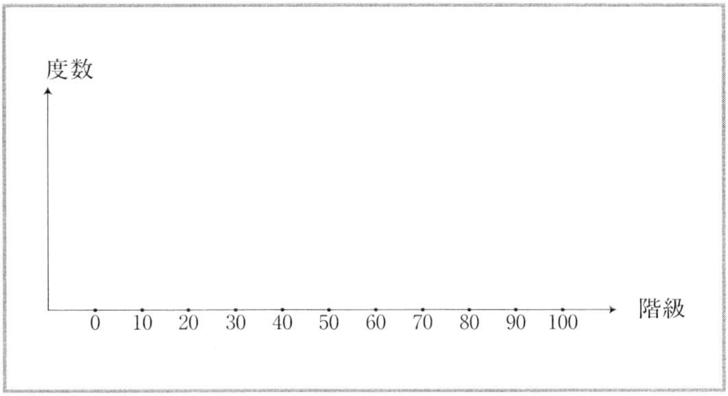

図　ヒストグラムを描く

6章　データの代表値

6.1 データを代表する

比べてみたい！

タカコさんは，女子中学生と男子中学生の携帯電話の使用時間を比較したいと思いました．

次のデータは，女子中学生と男子中学生 10 人の携帯電話の使用時間を調査した結果です．

表 6.1.1　携帯電話の使用時間（分）

女子中学生

No	時間
1	42
2	65
3	96
4	72
5	25
6	41
7	52
8	68
9	61
10	57

男子中学生

No	時間
1	48
2	51
3	12
4	62
5	35
6	21
7	36
8	79
9	67
10	14

- 女子中学生と男子中学生の携帯電話の使用時間に差があるのでしょうか？

2つのグループを比べるときは，

データの代表値

を利用してみましょう．

データの代表値には，

平均値　中央値　最頻値　最小値　最大値

などがあります．

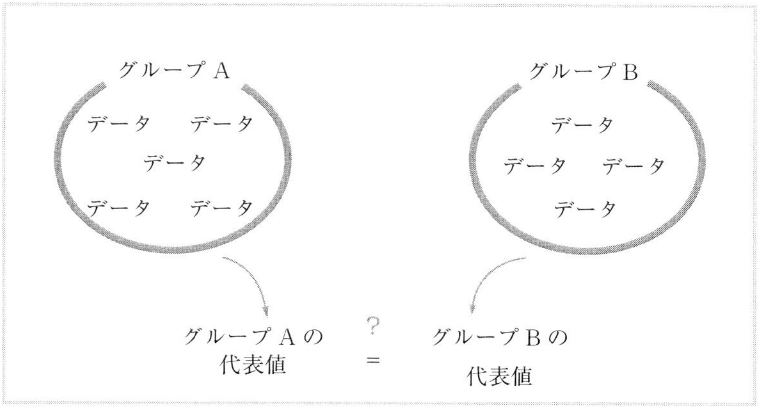

図 6.1.1　代表値を比べる

データの代表値には
平均値　中央値　最頻値
最大値　最小値

データの散布度（9章）には
分散　標準偏差
範囲　四分位範囲

6.2 平均値

平均値の定義

N 個のデータ

No	1	2	…	N
データ	x_1	x_2	…	x_N

に対して，

$$\bar{x} = \frac{x_1 + x_2 + \cdots + x_N}{N}$$

を平均値といいます．

データから計算された値を**統計量**といいます

女子中学生の携帯電話の平均使用時間は

$$\bar{x} = \frac{42 + 65 + 96 + \cdots + 61 + 57}{10} = 57.9$$

となります．

$$\bar{x} = \frac{\sum_{i=1}^{N} x_i}{N}$$

10 人の女子中学生と男子中学生のデータをグラフで表現すると，次のようになります．

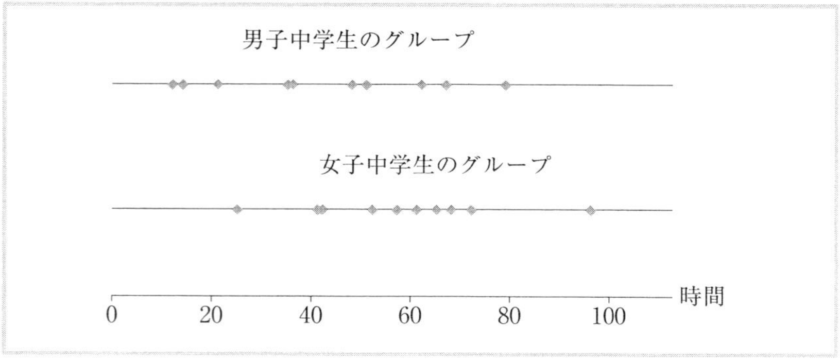

図 6.2.1　2 つのグループのグラフ表現

男子中学生の携帯電話の平均使用時間は,

$$\bar{x} = \frac{48+51+12+\cdots+67+14}{10} = 42.5$$

となるので,2つのグループの平均値の位置は
次のようになります.

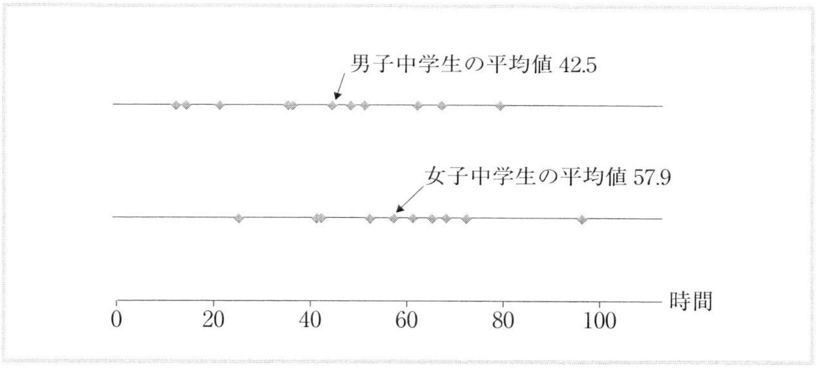

図 6.2.2　2つのグループの平均値の比較

このことから,平均値のことを

データの**位置を示す統計量**

ともいいます.

データの位置のことを
location といいます

基本の統計量は

代表値と散布度

の2つです.

データのバラツキを表す散布度には,9章で学ぶ

分散　標準偏差　四分位範囲

などがあります.

平均値は極端なデータの影響を受けます.

6.3 中央値

中央値の定義

データを大きさの順に並べ替えたとき，真ん中の値を

中央値

といいます．

メディアンともいいます．

データ数が偶数のときは？

● 5人の女子中学生の携帯電話の使用時間―データ数が奇数の場合―

$$\{\ 42\quad 65\quad 96\quad 72\quad 25\ \}$$

を大きさの順に並べ替えると

$$25 < 42 < 65 < 72 < 96$$

となるので，中央値は　65　となります．

● 6人の女子中学生の携帯電話の使用時間―データ数が偶数の場合―

$$\{\ 42\quad 65\quad 96\quad 72\quad 25\quad 41\ \}$$

を大きさの順に並べ替えると

$$25 < 41 < 42 < 65 < 72 < 96$$

となるので，まん中の2つの平均値をとり，

$$中央値 = \frac{42+65}{2} = 53.5$$

とします．

中央値 = median

中央値は極端なデータの影響を受けないので，極端に大きい値や極端に小さい値があるときは平均値よりも中央値のほうが，データの位置を示す統計量として適しています．

6.4 その他のデータの代表値

5%トリム平均の定義

データを大きさの順に並べ替えたとき，両端からそれぞれ5%のデータを取り除いたあとの90%のデータの平均値を

5%トリム平均

といいます．

中央値と同様に，極端な値のあるデータの場合，5%トリム平均はデータの位置を示す有効な統計量です．

トリム平均
= trimmed mean

最頻値の定義

最もたびたび現れるデータのことを

最頻値

といいます．

モードともいいます．

データ数が少ないときには，最頻値は用いられません．

最頻値
= mode

最大値と最小値

最大値や最小値も，データを代表する値として重要です．

オリンピックの選手は日本を代表する選手なので最大値や最小値になります．

最大値
= maximum
最小値
= minimum

■ 公式 ― 平均値の求め方 ―

① データの合計を計算します.

表 6.4.1 データの合計

No	データx
1	x_1
2	x_2
⋮	⋮
N	x_N
合計	$\sum_{i=1}^{N} x_i$

x の合計
$= x_1 + x_2 + \cdots + x_N$
$= \sum_{i=1}^{N} x_i$

② 表 6.1.2 の合計を利用して, 平均値 $\bar{x}$ を計算します.

$$\text{平均値 } \bar{x} = \frac{\sum_{i=1}^{N} x_i}{N}$$

平均値のことを
average または
mean
といいます.

Excel の関数

AVERAGE 関数　引数の平均値を返します
MEDIAN 関数　引数の中央値を返します

■ 例題 ― 平均値の求め方 ―

① データの合計を計算します.

表 6.4.2 データの合計

女子中学生

No	時間
1	42
2	65
3	96
4	72
5	25
6	41
7	52
8	68
9	61
10	57
合計	579

男子中学生

No	時間
1	48
2	51
3	12
4	62
5	35
6	21
7	36
8	79
9	67
10	14
合計	425

② 表 6.4.2 の合計を利用して，平均値 $\overline{x}$ を計算します.

女子中学生の平均値

$$平均値\ \overline{x} = \frac{579}{10} = 57.9$$

男子中学生の平均値

$$平均値\ \overline{x} = \frac{425}{10} = 42.5$$

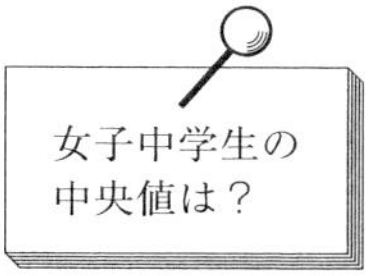
女子中学生の
中央値は？

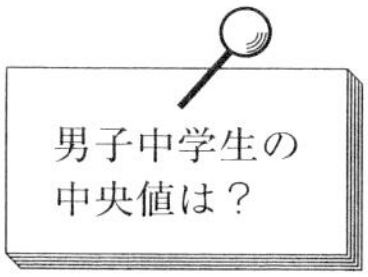
男子中学生の
中央値は？

6.5 外れ値

次のデータには，極端に背の高い人が含まれています．

表 6.5.1　10 人の身長（cm）

No	1	2	3	4	5	6	7	8	9	10
身長	165	179	181	176	160	165	183	165	152	**236**

この身長が 236cm の人は，ギネスブックにのっている
世界一背の高い人です．

次のデータには，極端に体重の重い人が含まれています．

表 6.5.2　10 人の体重（kg）

No	1	2	3	4	5	6	7	8	9	10
体重	64	75	69	83	61	64	78	64	85	**560**

この体重が 560kg の人は，ギネスブックにのっている
世界一身体の重い人です．

このように，極端に小さい値や　極端に大きい値のことを

外れ値

といいます．

データの中に外れ値が含まれていると，平均値は外れ値の影響を受けるので，注意が必要です．

中央値やトリム平均は外れ値の影響を受けません．

外れ値の中には，
“データの入力ミス”
という場合もあります．

外れ値
＝ outlier

研究テーマ６の１

次のデータは，ある中学校の１週間における50人の携帯電話のメール使用回数を調査した結果です．

このデータの代表値を求めましょう．

表　携帯電話のメール使用回数

No	回数	No	回数
1	31	26	118
2	19	27	31
3	28	28	59
4	30	29	38
5	7	30	43
6	39	31	71
7	48	32	59
8	24	33	58
9	43	34	23
10	42	35	18
11	31	36	27
12	52	37	89
13	21	38	26
14	102	39	34
15	14	40	39
16	56	41	42
17	52	42	97
18	33	43	52
19	52	44	45
20	63	45	97
21	57	46	47
22	56	47	54
23	32	48	168
24	34	49	55
25	47	50	69

このデータの平均値は？

このデータの中央値は？

7章　不確実な事象と確率

7.1 不確実なこと

明日は雨かなあ？

理科の好きなユウジロウ君は，将来，気象予報士になりたいと思っています．

テレビの天気予報の番組のときによく目にする降水確率を勉強したいと思っています．

週間天気　　2012年4月4日 17時00分発表

日付	4月7日 (土)	4月8日 (日)	4月9日 (月)	4月10日 (火)	4月11日 (水)	4月12日 (木)
天気	晴時々曇	晴時々曇	曇時々晴	曇り	曇時々雨	--- ---
気温(℃)	12 5	13 4	19 7	19 11	16 11	--- ---
降水確率(%)	30	20	30	40	50	---

※この地域の週間天気の気温は、最寄りの気温予測地点である「東京」の値を表示しています。

確率という言葉は日常生活でもよく使われています．

でも確率の定義は？

確率
＝ probability

7.2 確率とは

日常生活でもよく使っている

確率

とは　いったい何なのでしょうか？

いろいろな本で，確率の定義を調べてみました．

- ある実験で起こりうる場合が何通りかあるとき
そのうちのあることがらの起こりやすさを表す数を
そのことがらの起こる**確率**という．

- あることがらの起こることが期待されている程度を表す数を
そのことがらの起こる**確率**という．

- 多数回の実験の結果，あることがらの起こる割合が一定の値に
近づくとき，その数値でことがらの起こりやすさを
表現することができる．
　このように，あることがらの起こりやすさの程度を表現する数を
そのことがらの起こる**確率**という．

- 結果が偶然に左右される実験や観察をおこなうとき，
あることがらが起こると期待される程度を数で表したものを，
そのことがらの起こる**確率**という．

では，実際に実験や観察をおこなってみましょう．

不確実な　＝　uncertain，unpredictable，irregular

次のデータは，

“サイコロを振った回数” と “そのとき1の目が出た回数”

を調査した結果です．

表 7.2.1　1の目が出た回数とその比率

回数	10	20	30	40	50	60	70	80	90	100
1の目	1	5	6	9	8	14	15	10	17	11
比率	0.100	0.250	0.200	0.225	0.160	0.233	0.214	0.125	0.189	0.110

回数	200	300	400	500	600	700	800	900	1000
1の目	18	50	64	75	110	113	137	161	175
比率	0.090	0.167	0.160	0.150	0.183	0.161	0.171	0.179	0.175

回数	2000	3000	4000	5000	6000	7000	8000	9000	10000
1の目	331	470	658	887	1002	1206	1333	1576	1669
比率	0.166	0.157	0.165	0.177	0.167	0.172	0.167	0.175	0.167

サイコロを10回振ったとき，1の目が出た回数は1回なので

$$1\text{の目の出た比率} = \frac{1}{10} = 0.100$$

サイコロを100回振ったとき，1の目が出た回数は11回なので

$$1\text{の目の出た比率} = \frac{11}{100} = 0.110$$

サイコロを1000回振ったとき，1の目が出た回数は175回なので

$$1\text{の目の出た比率} = \frac{175}{1000} = 0.175$$

サイコロを10000回振ったとき，1の目が出た回数は1669回なので

$$1\text{の目の出た比率} = \frac{1669}{10000} = 0.167$$

1の目が出た比率を折れ線グラフで描くと，
次のようになります．

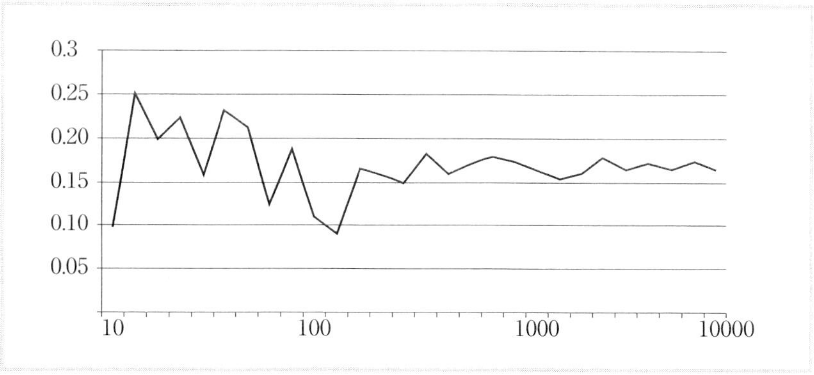

図 7.2.1　1の目の出た比率

この図を見ると，

"1の目の出る比率は　次第にある値に近づいている"

ことがわかります．

確率の定義

多数回の実験の結果，あることがら A の起こる比率が
ある一定の値に近づくとき，その値を

ことがら A が起こる確率

といいます．

このサイコロの実験では，

ことがら A = 1の目の出る

とすれば

1の目の出る確率 = 0.167

と考えられますね！

7.3 確率の求め方

次のデータは，サイコロを振った回数と，そのとき
1の目が出た回数から6の目が出た回数を調査した結果です．

表 7.3.1 サイコロの出た目の回数

回数	1の目	2の目	3の目	4の目	5の目	6の目
10	1	1	1	2	1	4
20	5	4	2	3	3	3
30	6	6	5	4	4	5
40	9	6	8	7	5	5
50	8	8	12	8	7	7
60	14	18	11	5	4	8
70	15	7	10	11	16	11
80	10	19	17	8	17	9
90	17	18	13	11	16	15
100	11	27	12	29	15	6
200	18	35	37	43	31	36
300	50	57	50	54	47	42
400	64	67	55	73	78	63
500	75	86	77	82	94	86
600	110	104	93	89	116	88
700	113	119	137	117	116	98
800	137	137	148	143	121	114
900	161	151	157	144	149	138
1000	175	179	166	146	156	178
2000	331	345	328	304	343	349
3000	470	519	490	513	496	512
4000	658	635	670	668	699	670
5000	887	847	826	800	813	827
6000	1002	997	968	1003	1010	1020
7000	1206	1214	1141	1192	1119	1128
8000	1333	1339	1288	1391	1279	1370
9000	1576	1482	1471	1416	1529	1526
10000	1669	1725	1609	1661	1677	1659

この表を見ると，サイコロを振る回数を多くすると，

“それぞれの目が出る回数は　次第に等しくなっている”

ことがわかります．

このようなとき，

“同程度に確からしい”

といいます．

起こりうるすべてのことがらが n 通りで，

“そのどのことがらが起こることも

同程度に確からしい”

とします．

このとき，ことがら A が起こる場合が a 通りとすると

ことがら A の起こる確率 $p = \dfrac{a}{n}$

となります．

$0 \leqq$ 確率 $p \leqq 1$

サイコロを振るとき起こりうるすべてのことがらは

1 の目が出る　2 の目が出る　3 の目が出る

4 の目が出る　5 の目が出る　6 の目が出る

の 6 通りです．

表 7.3.2　10000 回のサイコロの目

1の目	2の目	3の目	4の目	5の目	6の目
1669	1725	1609	1661	1677	1657

このどのことがらも“同程度に確からしい”ので，

$$
\begin{aligned}
1\text{の目の出る確率} &= \frac{1\text{の目が出ることがら}}{\text{起こりうるすべてのことがら}} \\
&= \frac{1\text{通り}}{6\text{通り}} \\
&= 0.167
\end{aligned}
$$

となります．

サイコロの比率は，次のようになります．

表 7.3.3　サイコロの目の出る比率

回数	1の目	2の目	3の目	4の目	5の目	6の目
10	0.100	0.100	0.100	0.200	0.100	0.400
20	0.250	0.200	0.100	0.150	0.150	0.150
30	0.200	0.200	0.167	0.133	0.133	0.167
40	0.225	0.150	0.200	0.175	0.125	0.125
50	0.160	0.160	0.240	0.160	0.140	0.140
60	0.233	0.300	0.183	0.083	0.067	0.133
70	0.214	0.100	0.143	0.157	0.229	0.157
80	0.125	0.238	0.213	0.100	0.213	0.113
90	0.189	0.200	0.144	0.122	0.178	0.167
100	0.110	0.270	0.120	0.290	0.150	0.060
200	0.090	0.175	0.185	0.215	0.155	0.180
300	0.167	0.190	0.167	0.180	0.157	0.140
400	0.160	0.168	0.138	0.183	0.195	0.158
500	0.150	0.172	0.154	0.164	0.188	0.172
600	0.183	0.173	0.155	0.148	0.193	0.147
700	0.161	0.170	0.196	0.167	0.166	0.140
800	0.171	0.171	0.185	0.179	0.151	0.143
900	0.179	0.168	0.174	0.160	0.166	0.153
1000	0.175	0.179	0.166	0.146	0.156	0.178
2000	0.166	0.173	0.164	0.152	0.172	0.175
3000	0.157	0.173	0.163	0.171	0.165	0.171
4000	0.165	0.159	0.168	0.167	0.175	0.168
5000	0.177	0.169	0.165	0.160	0.163	0.165
6000	0.167	0.166	0.161	0.167	0.168	0.170
7000	0.172	0.173	0.163	0.170	0.160	0.161
8000	0.167	0.167	0.161	0.174	0.160	0.171
9000	0.175	0.165	0.163	0.157	0.170	0.170
10000	0.167	0.173	0.161	0.166	0.168	0.166

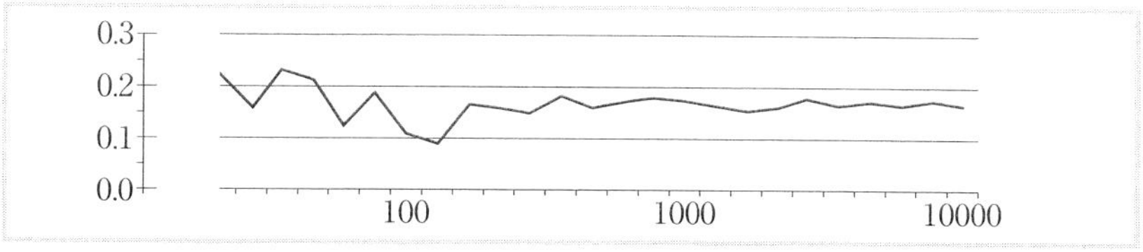

図 7.3.1　1 の目の出る比率

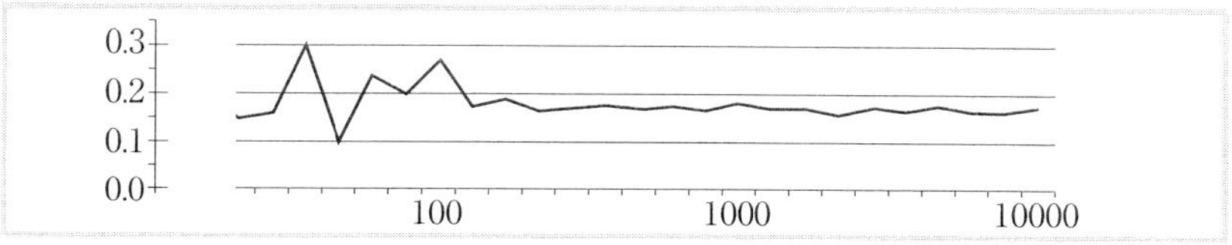

図 7.3.2　2 の目の出る比率

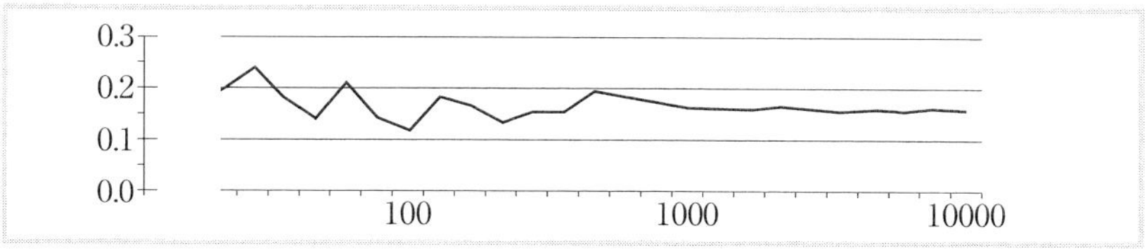

図 7.3.3　3 の目の出る比率

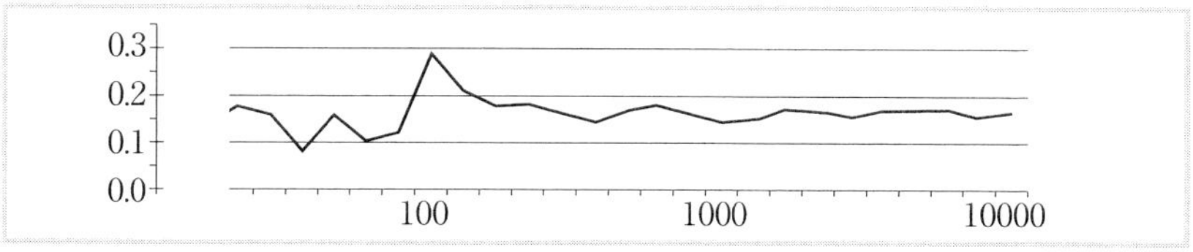

図 7.3.4　4 の目の出る比率

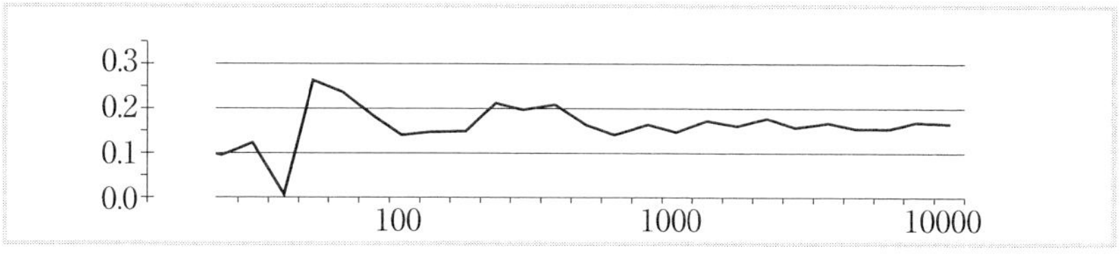

図 7.3.5　5 の目の出る比率

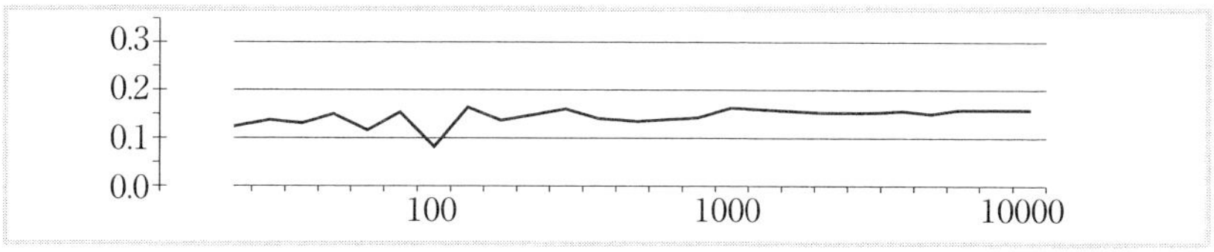

図 7.3.6　6 の目の出る比率

7.4 母集団と標本という考え方

サイコロを 100 回振る

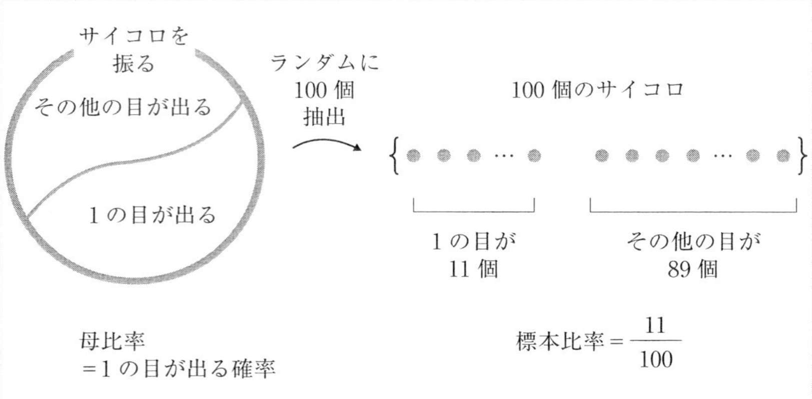

サイコロを振る / その他の目が出る / 1 の目が出る

ランダムに 100 個抽出 → 100 個のサイコロ
$\{ \bullet \bullet \bullet \cdots \bullet \quad \bullet \bullet \bullet \bullet \cdots \bullet \}$

1 の目が 11 個　その他の目が 89 個

母比率 = 1 の目が出る確率

標本比率 = $\dfrac{11}{100}$

サイコロを 10000 回振る場合

サイコロを振る / その他の目が出る / 1 の目が出る

ランダムに 10000 個抽出 → 10000 個のサイコロ
$\{ \bullet \bullet \bullet \cdots \bullet \quad \bullet \bullet \bullet \bullet \cdots \bullet \}$

1 の目が 1669 個　その他の目が 8331 個

母比率 = 1 の目が出る確率

標本比率 = $\dfrac{1669}{10000}$

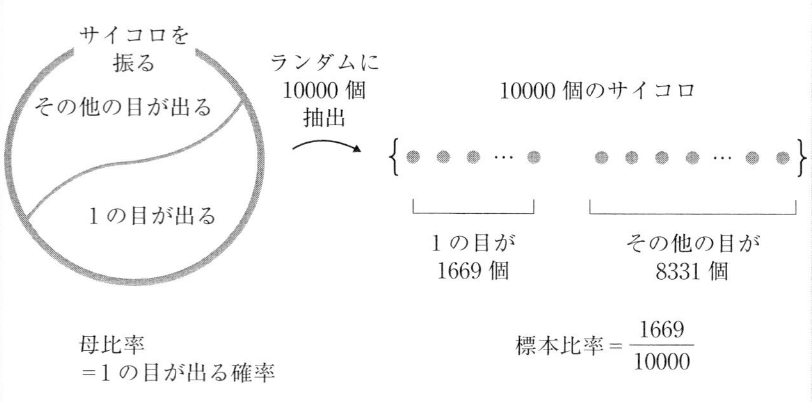

このようなとき，興味の対象を**母集団**といい，興味の対象から取り出したデータを**標本**といいます．

研究テーマ

研究テーマ７の１

正六面体を作り，それぞれの面に１から６の数字を記入します．
この正六面体を振って，出た面の数字を調べましょう．

研究テーマ７の２

正八面体を作り，それぞれの面に１から８までの数字を記入します．
この正八面体を振って，出た面の数字を調べましょう．

研究テーマ７の３

正二十面体を作り，それぞれの面に０から９の数字を２回ずつ記入します．
この正二十面体を振って，出た面の数字を調べましょう．

8章　標本調査

8.1　調査の方法

調べてみよう！

タカコさんは，全国の中学生が使っている電子メールの回数を知りたいと思いました．

どのように調査すればいいのでしょうか？

全国の中学生にたずねる？

調べてみよう！

ユウジロウ君は，全国でウサギを飼っている中学生は何人いるのか知りたいと思いました．

どのように調査をすればいいのでしょうか？

クラスの友達にたずねる？

このような調査の方法には，

全数調査法　と　標本調査法

の２通りがあります．

全数調査
= complete count survey

人口センサス
= population census

8.2 全数調査法

研究対象のすべてについて調査することを

全数調査法

といいます.

全数調査の例として，次のような国勢調査があります.

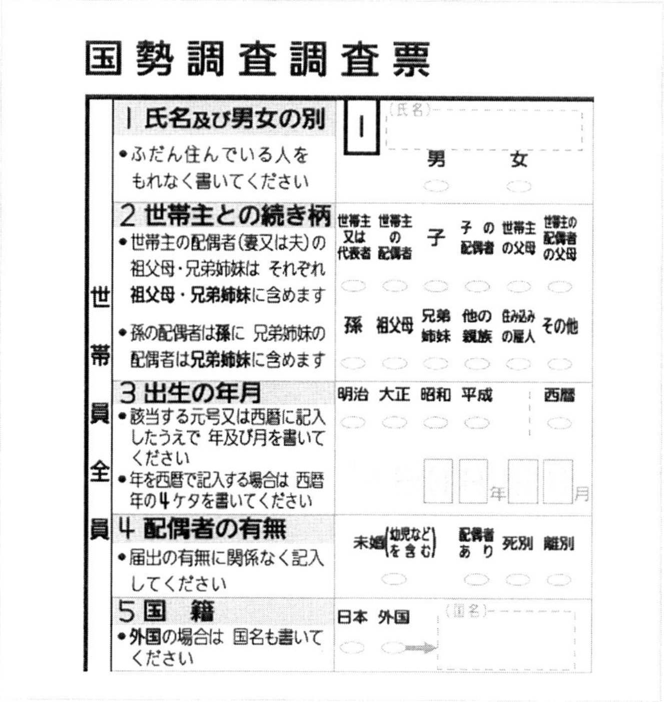

国勢調査調査票

世帯員全員

1 氏名及び男女の別
●ふだん住んでいる人をもれなく書いてください
1 (氏名)
男 女

2 世帯主との続き柄
●世帯主の配偶者(妻又は夫)の祖父母・兄弟姉妹は それぞれ祖父母・兄弟姉妹に含めます
●孫の配偶者は孫に 兄弟姉妹の配偶者は兄弟姉妹に含めます
世帯主又は代表者 世帯主の配偶者 子 子の配偶者 世帯主の父母 世帯主の配偶者の父母
孫 祖父母 兄弟姉妹 他の親族 住み込みの雇人 その他

3 出生の年月
●該当する元号又は西暦に記入したうえで 年及び月を書いてください
●年を西暦で記入する場合は 西暦年の4ケタを書いてください
明治 大正 昭和 平成 西暦
年 月

4 配偶者の有無
●届出の有無に関係なく記入してください
未婚(幼児などを含む) 配偶者あり 死別 離別

5 国籍
●外国の場合は 国名も書いてください
日本 外国 (国名)

全数調査では，費用と時間がかかるといった問題があります.

8.3 標本調査法

研究対象のすべてについて，調査できないときは

“一部分から全体を推測する”

という考え方をします．

このとき，研究対象全体のことを

母集団

といい，研究対象の一部分を

標本

といいます．

> 母集団
> = population
> 標本
> = sample

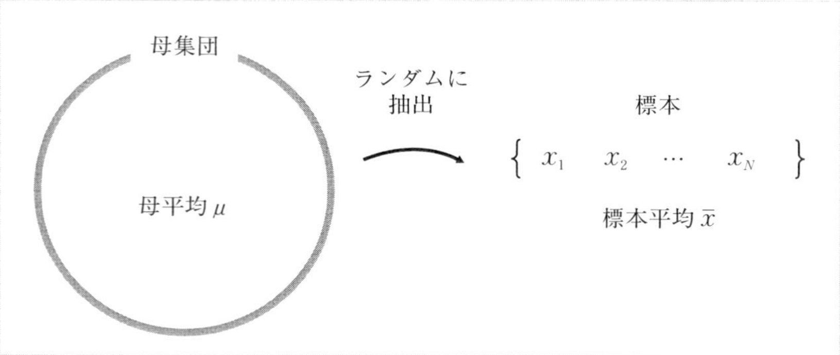

図 8.3.1　母集団と標本

このように，全体から一部分を取り出して調査することを

標本調査法

といいます．

> 標本調査
> = sampling survey

8.4 無作為抽出

母集団から標本を取り出すとき，どのような点に注意しなければならないのでしょうか？

一部分から全体を正しく推測するためには，

“母集団から標本をランダムに取り出す”

ことが大切です．

このように，母集団からランダムに標本を取り出すことを

無作為抽出

といいます．

無作為抽出
= random sampling

ランダムの言葉の説明

1. 手当り次第の意（広辞苑，岩波書店）
2. 無作為にすること，任意にすること（日本国語大辞典，小学館）
3. 思慮を加えず，手当り次第であること（日本語大辞典，講談社）
4. a. Having no definite aim or purpose; not sent or guided in a patricular direction; made, done, occurring etc., without method or conscious choice; haphazard.
   b. Statistics. Governed by or involving equal chances for each of the actual or hypothetical members of a population ; (also) produced or obtained by a such a process, and therefore unpredictable in detail.（Oxford English Dictionary）

■ 乱数による無作為抽出

乱数を利用して無作為抽出を行ってみましょう.

乱数＝
random
numbers

母集団の人数が 80 人で，その中から
標本の人数 20 人を無作為に抽出してみましょう.

始めに，80 人全員に 1 番から 80 番まで番号をつけます.

次に，乱数表を用意します.

表 8.4.1　乱数表を用意して……

0	4	1	3	4	7	8	5	7	3
4	2	3	1	8	6	5	1	2	5
4	5	0	8	4	8	0	9	1	9
5	5	3	7	4	3	1	6	6	8
3	8	8	0	8	2	8	6	0	2
2	6	1	1	3	0	8	1	6	7
5	9	8	6	4	9	1	0	1	2
4	0	9	4	5	0	4	9	5	6
3	9	3	0	5	8	4	0	2	9
3	5	4	7	9	5	5	4	1	4

80 は 2 ケタなので，乱数を次のように　2 ケタの数字にします.

表 8.4.2　2 ケタの乱数にします

0 4	1 3	4 7	8 5	7 3
4 2	3 1	8 6	5 1	2 5
4 5	0 8	4 8	0 9	1 9
5 5	3 7	4 3	1 6	6 8
3 8	8 0	8 2	8 6	0 2
2 6	1 1	3 0	8 1	6 7
5 9	8 6	4 9	1 0	1 2
4 0	9 4	5 0	4 9	5 6
3 9	3 0	5 8	4 0	2 9
3 5	4 7	9 5	5 4	1 4

乱数表の左から，順番に2ケタの数字を取り出します．

04	13	47	85	73

Excel を利用すると
乱数を作ることが
できます．

80 より大きい数字は飛ばして，次へ進みます．

04	13	47		73

……

正 20 面体のサイコロを
振って，乱数表を
作ることもできます．

同じ数字が出たら，それを飛ばして，
次へ進みます．

したがって，20 個の数字は次のようになります．

04	13	47	73	42
31	51	25	45	08
48	09	19	55	37
43	16	68	38	80

乱数表を使って
無作為抽出を
経験してみよう

そこで，この 20 個の数字に対応している 20 人を
無作為抽出された標本とします．

8.5 無作為抽出のいろいろ

無作為抽出の方法には，

- 単純ランダムサンプリング
- 等間隔ランダムサンプリング
- 層別ランダムサンプリング

などがあります．

単純ランダムサンプリングの方法

単純ランダムサンプリングとは，乱数による無作為抽出のことです．

等間隔ランダムサンプリングの方法

1234 人の中から，50 人を選び出す場合，
始めに 1234 を 50 で割り算します．

$$\frac{1234}{50} = 24.68$$

次に，乱数表を利用して先頭を決め，あとは 24 ごとに抽出します．

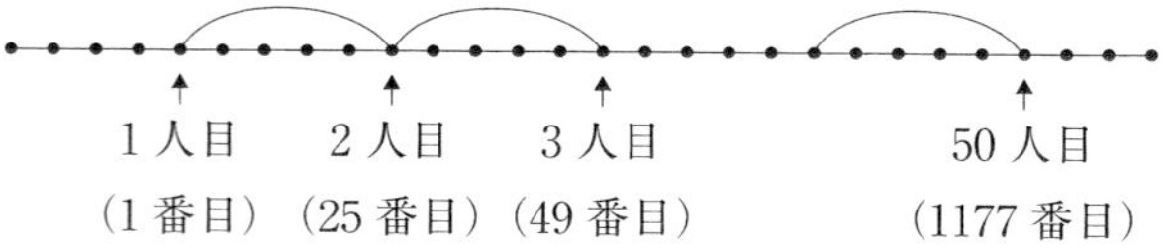

図 8.5.1

層別ランダムサンプリングの方法

中学生の中から　30 人を無作為抽出するとき

中学 1 年生の中から　10 人　を単純ランダムサンプリングする
中学 2 年生の中から　10 人　を単純ランダムサンプリングする
中学 3 年生の中から　10 人　を単純ランダムサンプリングする

中学生を 3 つの層に分けているので，この方法を
層別ランダムサンプリングといいます．

比例割当法の方法

地域に 3 つの中学校 A 校，B 校，C 校があります．
それぞれの学校の生徒数が

A 校 500 人，B 校 300 人，C 校 200 人

とします．

合計
1000 人

この地域の中から中学生 30 人を無作為抽出するとき

A 校から　$30 \times \dfrac{500}{1000} = 15$ 人　を単純ランダムサンプリングする

B 校から　$30 \times \dfrac{300}{1000} = 9$ 人　を単純ランダムサンプリングする

C 校から　$30 \times \dfrac{200}{1000} = 6$ 人　を単純ランダムサンプリングする

となります．

この抽出方法を，**比例割当法**　といいます．

層別
= stratified

8.6 点推定

母集団の未知パラメータ
の推定方法には
点推定と区間推定
があります

母平均の点推定

母集団から無作為抽出した標本が

$$\{\ x_1 \quad x_2 \quad \cdots \quad x_N\ \}$$

のとき，母集団の平均値 μ を

$$\mu \text{の推定値} = \frac{x_1 + x_2 + \cdots + x_N}{N}$$

のように推定します．この方法を

点推定

といいます．

母比率の点推定

母集団から無作為抽出した標本が

$$\{\ \underbrace{x_1 \quad x_2 \quad \cdots \quad x_m}_{\text{A型}} \quad \underbrace{x_{m+1} \quad x_{m+2} \quad \cdots \quad x_{N-1} \quad x_N}_{\bar{\text{A}}\text{型}}\ \}$$

のとき，母集団の A 型の比率 p を

$$p \text{の推定値} = \frac{m}{N}$$

のように推定します．

8.7 Excel でつくる乱数表

❶ Excel の分析ツールから，次のように乱数発生を選びます．

❷ 次のように値と確率を入力し，[OK] ボタンを押します．

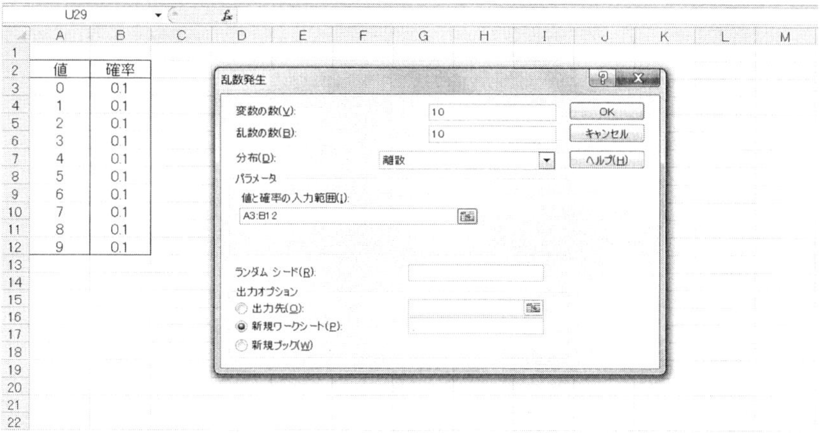

8.8 モンテカルロ法

無作為抽出の利用としてモンテカルロ法があります．

正方形の中に描かれた次の図形の面積を求めてみましょう．

① 始めに次のように座標をとります．

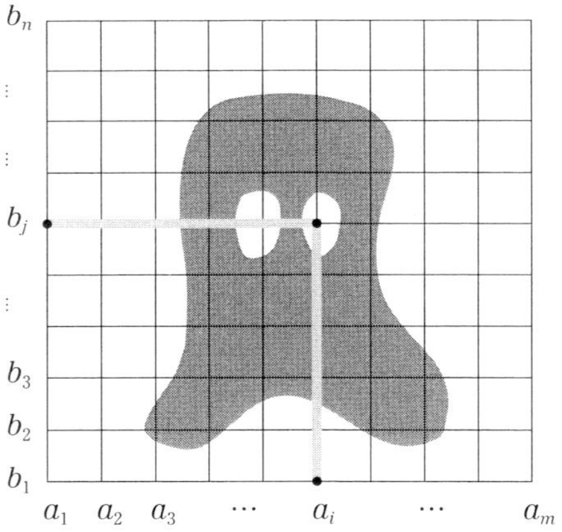

② 乱数表から 2 つの値 a_i，b_j を選び，それを正方形の上の座標の点（a_i，b_j）とします．

③ この操作をくり返し，図形に含まれた座標の点の数を数えます．

④ このとき，図形の面積は次のようになります．

$$\text{図形の面積} = \frac{\text{図形に含まれた座標の数}}{\text{くり返した回数}} \times \text{正方形の面積}$$

① 例えば，次のように正方形を分割します

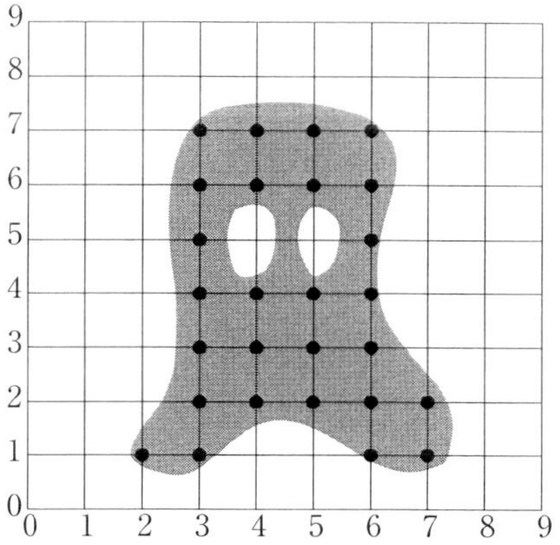

② 乱数表から 2組の数を50回選びます．

③ 図形に含まれた座標の数を数えます．

80	59	19	07	73	95	66	38	51	25
62	31	77	43	88	37	47	36	71	73
07	37	37	18	29	73	20	22	73	45
17	16	76	92	80	26	21	29	94	18
98	31	67	53	11	66	20	88	70	78

④ 図形の面積を計算します．

$$\text{図形の面積} = \frac{14}{50} \times \text{正方形の面積}$$

研究テーマ

研究テーマ 8の1

袋の中にお米がたくさん入っています.

この袋の中のお米の数を知るにはどのようにすれば
よいのでしょうか?

コウシロウ君は,次のような方法を考えました.

手順 1.　赤いお米を 100 個用意する.

手順 2.　白いお米の袋に,その赤いお米を入れてよくかきまぜる.

手順 3.　よくかきまぜたら,袋の中からお米を 1000 個取り出して
その中に含まれている赤いお米を数える.

このとき,赤いお米の個数は 5 個でした.

始めに袋に入っていた白いお米 n 個とすると

$$(n + 100) : 100 = 1000 : 5$$

$$(n + 100) \times 5 = 100 \times 1000$$

$$n + 100 = \frac{100 \times 1000}{5}$$

$$n = \frac{100 \times 1000}{5} - 100$$

となります.

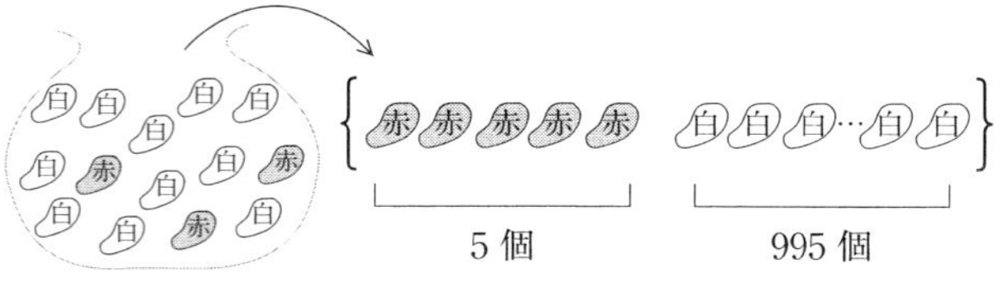

第3部

第3部では　次のようなことを学びます

9章　データの散らばり
—— 分散・標準偏差 ——

10章　データの相関
—— 散布図・相関係数 ——

11章　場合の数と確率
—— 順列・組合せ ——

12章　確率分布
—— 2項分布・正規分布 ——

13章　統計的推定
—— 区間推定 ——

第3部は
分散
相関係数
確率分布
について学びます

9章　データの散らばり

9.1 平均値を基準にする

身近な興味

将来，管理栄養士をめざしているタカコさんは，高校生の食生活に関心をもっています．そこで，
高校生が1日に摂取する緑黄色野菜について調査しました．

表 9.1.1　女子と男子の緑黄色野菜の摂取量（g）

女子高校生のグループ

No	摂取量
1	75
2	86
3	94
4	108
5	83
6	74
7	85
8	93
9	52
10	117

男子高校生のグループ

No	摂取量
1	34
2	105
3	41
4	97
5	123
6	64
7	86
8	54
9	143
10	72

女子高校生と男子高校生とでは，
緑黄色野菜の摂取量に
どのような違いがあるのでしょうか？

代表値…平均値
　　　　中央値

散布度…分散
　　　　標準偏差
　　　　四分位範囲

データが集まったら，次は何をすればいいのでしょうか？

データが集まると，次はデータをグラフで表現してみましょう．

横軸に緑黄色野菜の摂取量をとると，次のようなグラフを作成することができます．

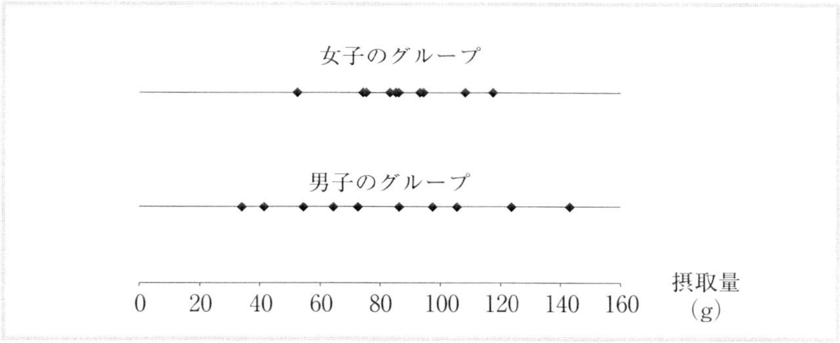

図 9.1.1　2 つのグループのグラフ表現

次に，このデータから，女子高校生と男子高校生の平均摂取量を計算してみましょう．

$$\text{女子の平均値} = \frac{75+86+94+\cdots+52+117}{10} = 86.7$$

$$\text{男子の平均値} = \frac{34+105+41+\cdots+143+72}{10} = 81.9$$

2 つの平均値を比べてみると，
女子高校生のほうが男子高校生より
緑黄色野菜の摂取量が多いようです．

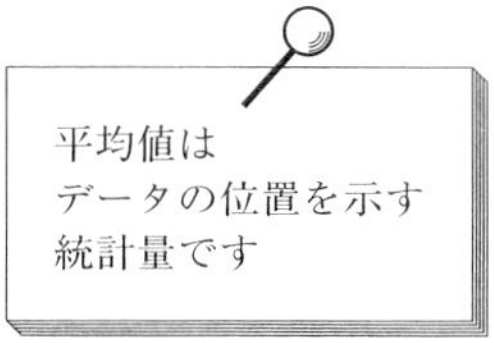

平均値は
データの位置を示す
統計量です

9.2 分散と標準偏差

ところで，次の図を見ていると，平均値以外にも
女子のグループと男子のグループとでは，
データの分布の状態に違いがあることに気づきます．

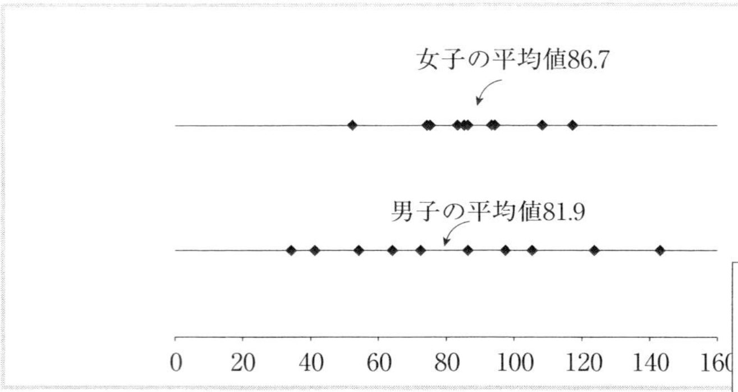

図 9.2.1　2 つのグループの平均値の違い

女子の範囲
= 117 − 52
= 65

男子の範囲
= 143 − 34
= 109

それは，**データの散らばり**の程度です．

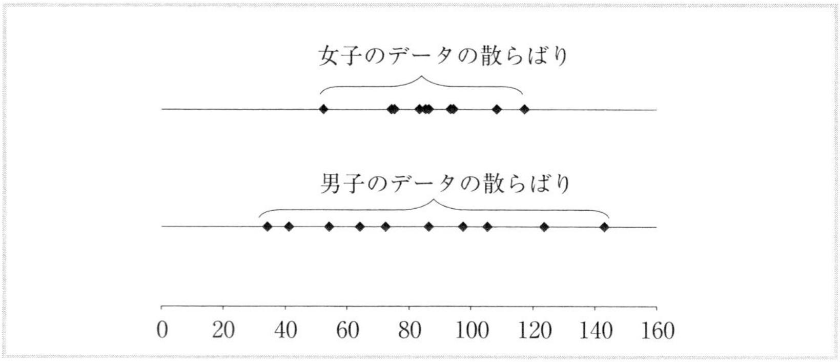

図 9.2.2　2 つのグループの散らばりの違い

このようなデータの散らばりの程度を数値で表現するには，
範囲の他に，どのような考え方があるのでしょうか？

データの散らばりは，距離の概念に似ています．

平均値を基準にしてデータと平均値との距離を測ることにより，データの散らばりの程度を数値化することができます．

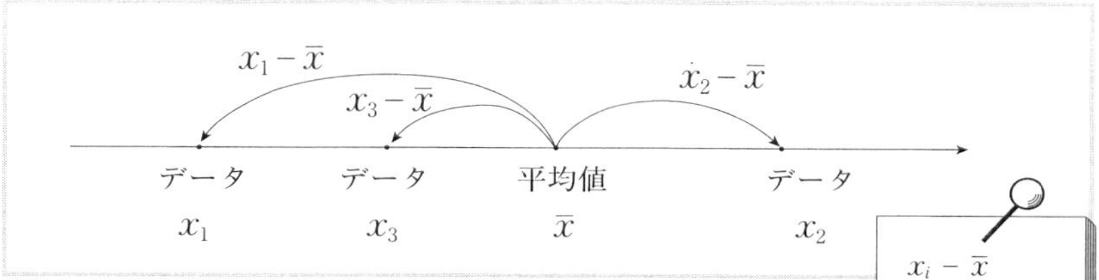

図 9.2.3　平均値との距離

$x_i-\bar{x}$ のことを **偏差** といいます

そこで，次のような統計量

$$\frac{(75-86.7)^2+(86-86.7)^2+\cdots+(117-86.7)^2}{10-1}$$

を考え，この値を**分散**と呼びます．

分散・標準偏差の定義

N 個のデータ

No	1	2	…	N
データ	x_1	x_2	…	x_N

に対して，分散 s^2 と標準偏差 s を，次のように定義します．

分散　$$s^2=\frac{(x_1-\bar{x})^2+(x_2-\bar{x})^2+\cdots+(x_N-\bar{x})^2}{N-1}$$

標準偏差　$$s=\sqrt{分散}$$

分散 = variance
標準偏差 = standard deviation

9.3 四分位数と四分位範囲

N 個のデータを大きさの順に並べたとき

$$x_1 \leqq x_2 \leqq \cdots\cdots \leqq x_{N-1} \leqq x_N$$

次のような 3 つの点 Q_1，Q_2，Q_3

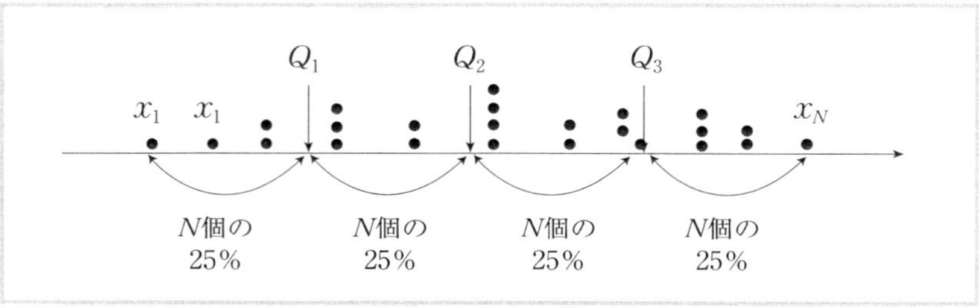

図 9.3.1　3 つの四分位数 Q_1，Q_2，Q_3

をそれぞれ

Q_1 = **第 1 四分位数** = 25 パーセント点

Q_2 = **第 2 四分位数** = 50 パーセント点

Q_3 = **第 3 四分位数** = 75 パーセント点

といいます．

> 四分位数の求め方は何通りも考えられています．

第 1 四分位数 Q_1 と第 3 四分位数 Q_3 との差を

四分位範囲 = $Q_3 - Q_1$

といいます．

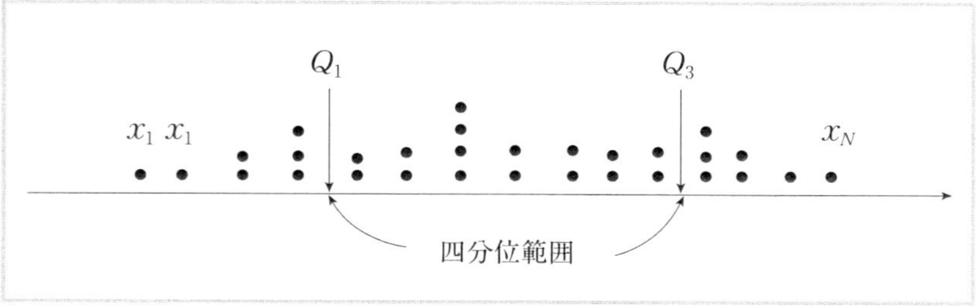

図 9.3.2　四分位範囲

第 1 四分位数 Q_1 の求め方

$$\mathrm{INT} = N \times \frac{25}{100} + \frac{75}{100} \quad \text{の整数部分}$$

$$\mathrm{DEC} = N \times \frac{25}{100} + \frac{75}{100} \quad \text{の小数部分}$$

とします．このとき

$$Q_1 = (1 - \mathrm{DEC}) \times x_{\mathrm{INT}} + \mathrm{DEC} \times x_{\mathrm{INT}+1}$$

となります．

$N \times \frac{25}{100} + \frac{25}{100}$

とする考え方もあります

第 2 四分位数 Q_2 の求め方

$$\mathrm{INT} = N \times \frac{50}{100} + \frac{50}{100} \quad \text{の整数部分}$$

$$\mathrm{DEC} = N \times \frac{50}{100} + \frac{50}{100} \quad \text{の小数部分}$$

とします．このとき

$$Q_2 = (1 - \mathrm{DEC}) \times x_{\mathrm{INT}} + \mathrm{DEC} \times x_{\mathrm{INT}+1}$$

となります．

Q_2 = 中央値

第 3 四分位数 Q_3 の求め方

$$\mathrm{INT} = N \times \frac{75}{100} + \frac{25}{100} \quad \text{の整数部分}$$

$$\mathrm{DEC} = N \times \frac{75}{100} + \frac{25}{100} \quad \text{の小数部分}$$

とします．このとき

$$Q_3 = (1 - \mathrm{DEC}) \times x_{\mathrm{INT}} + \mathrm{DEC} \times x_{\mathrm{INT}+1}$$

となります．

$N \times \frac{75}{100} + \frac{75}{100}$

とする考え方もあります

次の 12 個のデータの Q_1, Q_3 を求めてみましょう.

表 9.3.1　12 個のデータの Q_1 と Q_3

No	1	2	3	4	5	6	7	8	9	10	11	12
データ	23	52	74	75	83	85	86	93	94	108	117	123

● 第 1 四分位数 Q_1 は？

$$\mathrm{INT} = 12 \times \frac{25}{100} + \frac{75}{100} \text{ の整数部分} = 3$$

$$\mathrm{DEC} = 12 \times \frac{25}{100} + \frac{75}{100} \text{ の小数部分} = 0.75$$

$$x_{\mathrm{INT}} = x_3 = 74$$

$$x_{\mathrm{INT}+1} = x_{3+1} = 75$$

$$12 \times \frac{25}{100} + \frac{75}{100} = 3 + 0.75$$

したがって

$$Q_1 = (1 - 0.75) \times 74 + 0.75 \times 75$$
$$= 74.75$$

● 第 3 四分位数 Q_3 は？

$$\mathrm{INT} = 12 \times \frac{75}{100} + \frac{25}{100} \text{ の整数部分} = 9$$

$$\mathrm{DEC} = 12 \times \frac{75}{100} + \frac{25}{100} \text{ の小数部分} = 0.25$$

$$x_{\mathrm{INT}} = x_9 = 94$$

$$x_{\mathrm{INT}+1} = x_{9+1} = 108$$

$$12 \times \frac{75}{100} + \frac{25}{100} = 9 + 0.25$$

したがって

$$Q_3 = (1 - 0.25) \times 94 + 0.25 \times 108$$
$$= 97.5$$

箱ヒゲ図

第 1 四分位数，第 2 四分位数，第 3 四分位数を利用すると次のような箱ヒゲ図を描くことができます．

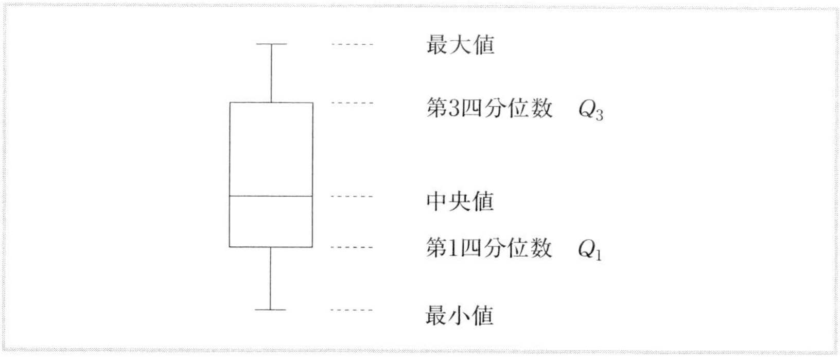

図 9.3.3　箱ヒゲ図

グループがいくつかあるとき，グループごとに箱ヒゲ図を描くと，グループの違いがよくわかります．

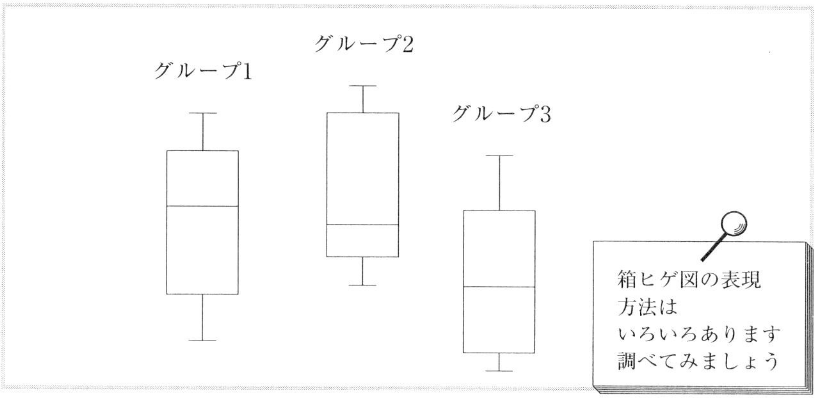

図 9.3.4　箱ヒゲ図によるグループの比較

■ 公式 ― 平均・分散・標準偏差の求め方 ―

① 次のような表を用意します．

表 9.3.2　1 変数データの型と統計量

No.	データ x	x^2
1	x_1	${x_1}^2$
2	x_2	${x_2}^2$
⋮	⋮	⋮
i	x_i	${x_i}^2$
⋮	⋮	⋮
N	x_N	${x_N}^2$
合計	$\sum_{i=1}^{N} x_i$	$\sum_{i=1}^{N} {x_i}^2$

② 表 9.3.2 の合計を使って，平均値，分散，標準偏差を計算します．

平均値 $$\bar{x} = \frac{\sum_{i=1}^{N} x_i}{N}$$

分散 $$s^2 = \frac{N \cdot \left(\sum_{i=1}^{N} x_i^2 \right) - \left(\sum_{i=1}^{N} x_i \right)^2}{N \cdot (N-1)}$$

標準偏差 $$s = \sqrt{\frac{N \cdot \left(\sum_{i=1}^{N} x_i^2 \right) - \left(\sum_{i=1}^{N} x_i \right)^2}{N \cdot (N-1)}}$$

Excel の関数

STDEV.P 関数	母集団の標準偏差を返します
STDEV.S 関数	標本に基づいて母集団の標準偏差の推定値を返します
VAR.P 関数	母集団の分散を返します
VAR.S 関数	標本に基づいて母集団の分散の推定値を返します

■ 例題 ― 平均・分散・標準偏差の求め方 ―

① 次のような表を用意します.

表 9.3.3 2乗と合計の計算です

No	x	x^2
1	75	5625
2	86	7396
3	94	8836
4	108	11664
5	83	6889
6	74	5476
7	85	7225
8	93	8649
9	52	2704
10	117	13689
合計	867	78153

$\sum_{i=1}^{N} x_i$ $\sum_{i=1}^{N} x_i^2$

② 表 9.3.3 の合計を使って，平均値，分散，標準偏差を計算します.

平均値 $\bar{x} = \dfrac{867}{10} = 86.7$

小数点の丸め方は研究者にまかされています

分散 $s^2 = \dfrac{10 \times 78153 - (867)^2}{10 \times (10-1)} = 331.57$

標準偏差 $s = \sqrt{331.57} = 18.2$

分散の公式を利用して計算しています

研究テーマ

研究テーマ 9の1　—分散の公式の導き方—

分散の定義式は，次のように変形することができます．

$$s^2 = \frac{(x_1-\bar{x})^2+(x_2-\bar{x})^2+\cdots+(x_N-\bar{x})^2}{N-1}$$

$$= \frac{(x_1^2+\bar{x}^2-2x_1\cdot\bar{x})+(x_2^2+\bar{x}^2-2x_2\cdot\bar{x})+\cdots+(x_N^2+\bar{x}^2-2x_N\cdot\bar{x})}{N-1}$$

$$= \frac{x_1^2+x_2^2+\cdots+x_N^2+N\cdot\bar{x}^2-2(x_1+x_2+\cdots+x_N)\cdot\bar{x}}{N-1}$$

$$= \frac{\sum_{i=1}^{N} x_i^2 + N\cdot\left(\frac{\sum_{i=1}^{N} x_i}{N}\right)^2 - 2\left(\sum_{i=1}^{N} x_i\right)\cdot\frac{\sum_{i=1}^{N} x_i}{N}}{N-1}$$

$$= \frac{\sum_{i=1}^{N} x_i^2 + \frac{\left(\sum_{i=1}^{N} x_i\right)^2}{N} - 2\frac{\left(\sum_{i=1}^{N} x_i\right)^2}{N}}{N-1}$$

$(A-B)^2$
$= A^2+B^2-2AB$

$$= \frac{N\cdot\left(\sum_{i=1}^{N} x_i^2\right) - \left(\sum_{i=1}^{N} x_i\right)^2}{N\cdot(N-1)}$$

したがって，次の公式が導かれました．

分散の公式

分散　$$s^2 = \frac{N\cdot\left(\sum_{i=1}^{N} x_i^2\right) - \left(\sum_{i=1}^{N} x_i\right)^2}{N\cdot(N-1)}$$

$N-1$ で割る
分散を
不偏分散
ともいいます

研究テーマ９の２　—相関係数と共分散の関係—

相関係数 r の定義式の分子，分母を $N-1$ で割ると，
次のようになります．

$$r = \frac{\dfrac{(x_1-\bar{x})\cdot(y_1-\bar{y})+(x_2-\bar{x})\cdot(y_2-\bar{y})+\cdots+(x_N-\bar{x})\cdot(y_N-\bar{y})}{N-1}}{\sqrt{\dfrac{(x_1-\bar{x})^2+\cdots+(x_N-\bar{x})^2}{N-1}}\cdot\sqrt{\dfrac{(y_1-\bar{y})^2+\cdots+(y_N-\bar{y})^2}{N-1}}}$$

この分母の中身は x の分散と y の分散の定義式なので，
相関係数 r は……

$$r = \frac{\dfrac{(x_1-\bar{x})\cdot(y_1-\bar{y})+\cdots+(x_N-\bar{x})\cdot(y_N-\bar{y})}{N-1}}{\sqrt{x\text{ の分散}}\cdot\sqrt{y\text{ の分散}}}$$

相関係数の定義は
p.101
です

となります．この分子を

$$x\text{と}y\text{の}\textbf{共分散} = \frac{(x_1-\bar{x})\cdot(y_1-\bar{y})+\cdots+(x_N-\bar{x})\cdot(y_N-\bar{y})}{N-1}$$

といいます．

したがって，次の関係式が成り立ちます．

相関係数と共分散の公式

$$x\text{と}y\text{の相関係数} = \frac{x\text{と}y\text{の共分散}}{\sqrt{x\text{ の分散}}\cdot\sqrt{y\text{ の分散}}}$$

$$= \frac{\mathrm{Cov}(x\ ,\ y)}{\sqrt{\mathrm{Var}(x)}\cdot\sqrt{\mathrm{Var}(y)}}$$

x の分散 $=\mathrm{Var}(x)$
y の分散 $=\mathrm{Var}(y)$
x と y の共分散
$=\mathrm{Cov}(x\ ,\ y)$

10章 データの相関

10.1 2変数のデータ

どんな関係なの？

将来，情報処理士をめざしているユウジロウ君は，高校生のおこづかいと携帯電話使用料の関係を調べたいと思っています．

そこで，1か月のおこづかいと携帯電話使用料についてアンケート調査をしました．

表 10.1.1　おこづかいと携帯電話使用料（円）

女子高校生のグループ

No	おこづかい	使用料
1	3500	2700
2	2500	1400
3	6500	6700
4	3000	3300
5	3500	2000
6	5500	3600
7	8000	5900
8	2500	3900
9	12000	7400
10	5000	5000
11	4500	2100
12	6000	4500
13	4500	2200
14	4000	3600
15	5500	4200

男子高校生のグループ

No	おこづかい	使用料
1	5000	3500
2	3000	6500
3	5500	5600
4	7000	7000
5	5000	2600
6	10000	3500
7	4500	3300
8	2000	500
9	3500	2300
10	2000	2700
11	6000	3700
12	4500	1300
13	3500	3200
14	1500	1800
15	6000	5900

10.2 散布図

このデータは，おこづかいと携帯電話使用料の 2 変数のデータになっています．

そこで，おこづかいを横軸 x，携帯電話使用料を縦軸 y にとればこのデータは，xy 平面上に表現できそうです．

表 10.1.1 のデータを xy 平面上に表現してみると……

変量
= variate
変数
= variable

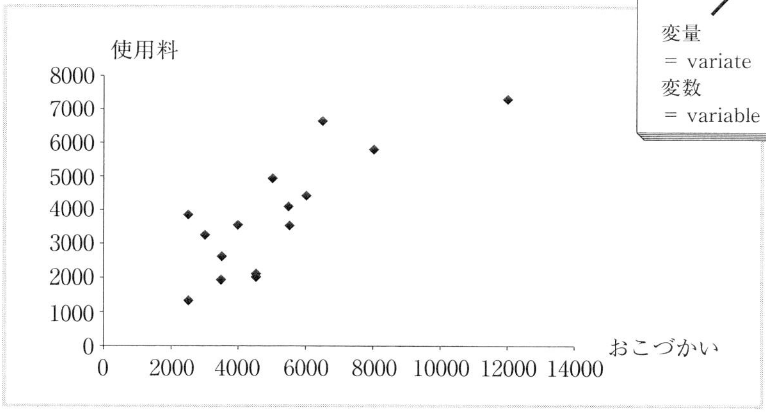

図 10.2.1　女子高校生のおこづかいと携帯電話使用料

表 10.2.1　2 変数のデータ

No.	x	y
1	x_1	y_1
2	x_2	y_2
⋮	⋮	⋮
N	x_N	y_N

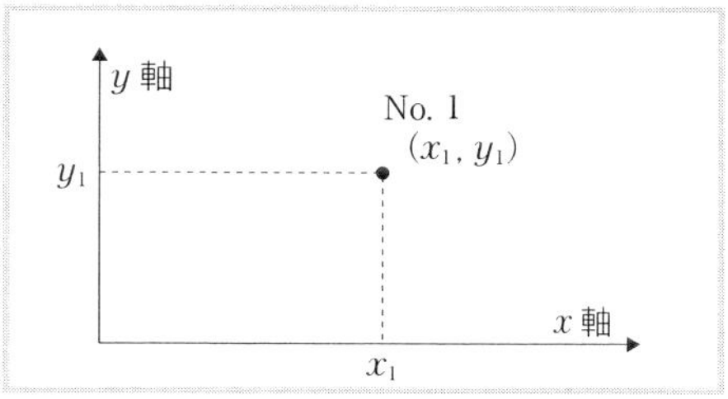

図 10.2.2　xy 平面

この xy 平面を利用したグラフ表現を**散布図**といいます．

散布図の種類

散布図は，次の3つのタイプに分類されます．

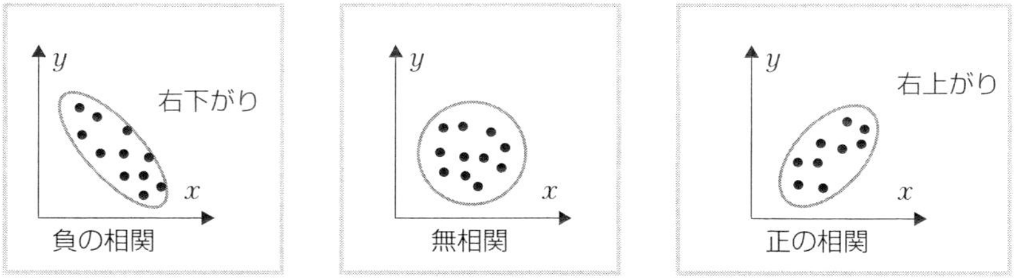

図 10.2.3　散布図の3つのタイプ

女子高校生のグループの散布図を見ると

“点の状態が右上がり”

なので，

“おこづかいと携帯電話使用料の間には正の相関がある”

ことがわかります．

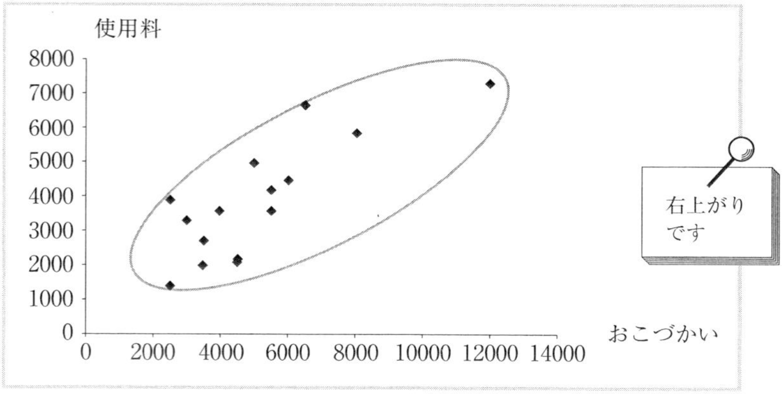

図 10.2.4　女子高生の散布図

10.3 相関係数

対応する 2 変数 x, y のデータの関係を数値で表したものが相関係数です.

相関係数の定義

N 個のデータに対して

No.	1	2	…	N	平均値
変数 x	x_1	x_2	…	x_N	x
変数 y	y_1	y_2	…	y_N	y

相関係数 r を, 次のように定義します.

$$r=\frac{(x_1-\bar{x})\cdot(y_1-\bar{y})+(x_2-\bar{x})\cdot(y_2-\bar{y})+\cdots+(x_N-\bar{x})\cdot(y_N-\bar{y})}{\sqrt{(x_1-\bar{x})^2+\cdots+(x_N-\bar{x})^2}\cdot\sqrt{(y_1-\bar{y})^2+\cdots+(y_N-\bar{y})^2}}$$

相関係数の性質

相関係数は, 次のような性質をもっています.

$$-1 \leqq \text{相関係数} \leqq 1$$

相関係数 r は, 2 つのベクトル $\vec{x}$, $\vec{y}$ のなす角を θ としたときの

$$-1 \leqq \cos\theta \leqq 1$$

に対応しています.

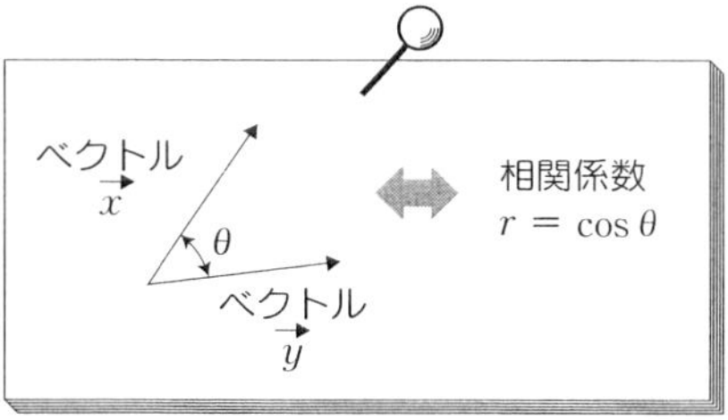

相関係数と散布図の関係

相関係数と散布図の間には，次のような関係があります．

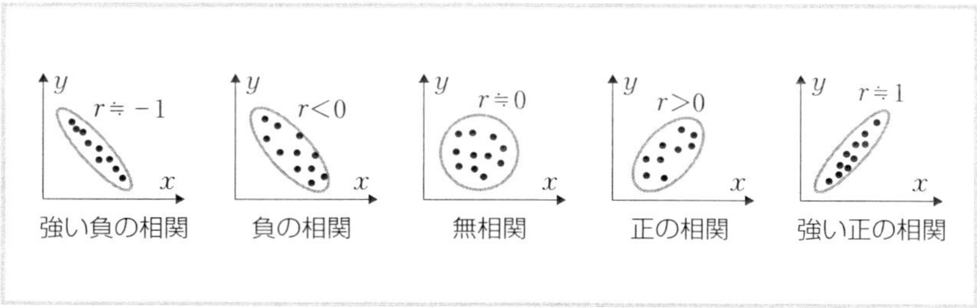

図 10.3.1　散布図と相関係数の関係

相関係数の表現

相関係数 r を言葉で表現すると，次のようになります．

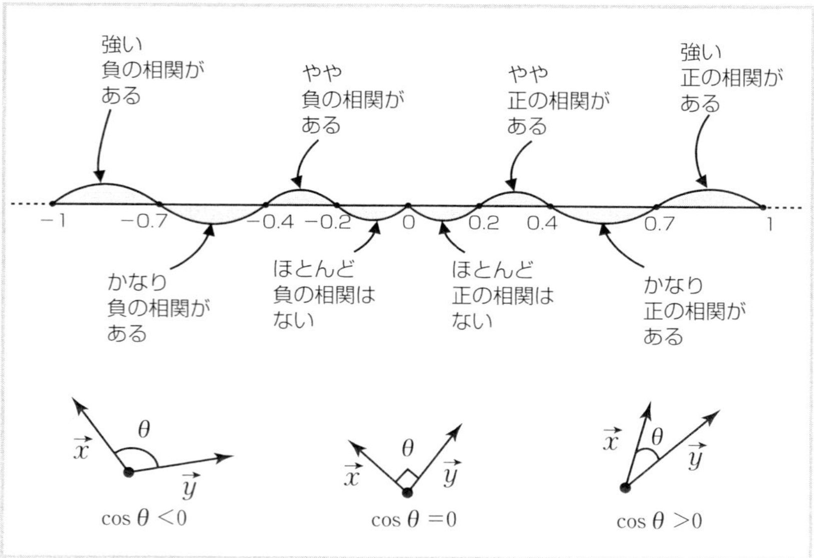

図 10.3.2　相関係数の表現

ベクトルの内積と相関係数

次の図のような2つのベクトル $\vec{x}$, $\vec{y}$ を考えます.

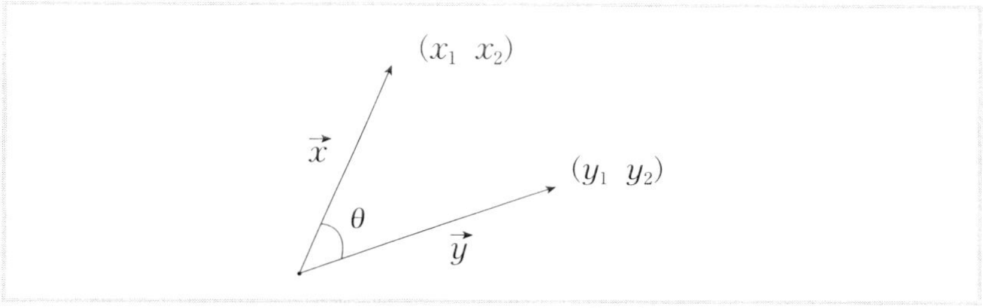

図 10.3.3　2つのベクトル $\vec{x}$, $\vec{y}$ と角 θ

● ベクトル $\vec{x}$ とベクトル $\vec{y}$ の内積

$$\vec{x} \cdot \vec{y} = x_1 \cdot y_1 + x_2 \cdot y_2$$

● ベクトル $\vec{x}$ の長さ

$$\|\vec{x}\| = \sqrt{x_1{}^2 + x_2{}^2}$$

● ベクトル $\vec{y}$ の長さ

$$\|\vec{y}\| = \sqrt{y_1{}^2 + y_2{}^2}$$

内積の記号は
いろいろあります
$(\vec{x}, \ \vec{y})$
$\vec{x} \cdot \vec{y}$

この2つのベクトル $\vec{x}$, $\vec{y}$ の内積, 長さ, 角度の間には
次のような関係式が成り立ちます.

内積・長さ・角度の公式

$$\cos\theta = \frac{\vec{x} \cdot \vec{y}}{\|\vec{x}\| \cdot \|\vec{y}\|} = \frac{x_1 \cdot y_1 + x_2 \cdot y_2}{\sqrt{x_1{}^2 + x_2{}^2} \cdot \sqrt{y_1{}^2 + y_2{}^2}}$$

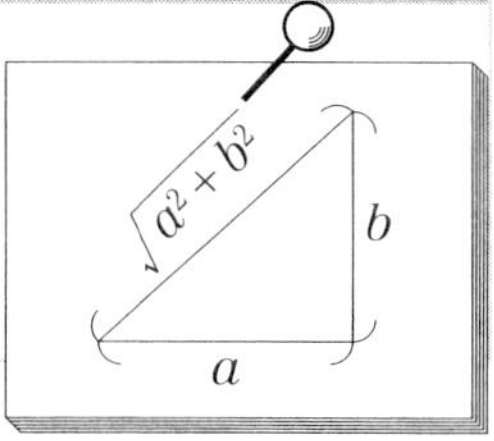

■ 公式 ― 相関係数の求め方 ―

① 次のような表を用意します.

表 10.3.1 2 変数データの型と統計量

No	データ x	データ y	x^2	y^2	$x \cdot y$
1	x_1	y_1	x_1^2	y_1^2	$x_1 \cdot y_1$
2	x_2	y_2	x_2^2	y_2^2	$x_2 \cdot y_2$
⋮	⋮	⋮	⋮	⋮	⋮
i	x_i	y_i	x_i^2	y_i^2	$x_i \cdot y_i$
⋮	⋮	⋮	⋮	⋮	⋮
N	x_N	y_N	x_N^2	y_N^2	$x_N \cdot y_N$
合計	$\sum_{i=1}^{N} x_i$	$\sum_{i=1}^{N} y_i$	$\sum_{i=1}^{N} x_i^2$	$\sum_{i=1}^{N} y_i^2$	$\sum_{i=1}^{N} x_i \cdot y_i$

x の平方和　y の平方和　x と y の積和

② 表 10.3.1 の合計を使って, 相関係数 r を計算します.

$$\text{相関係数 } r = \frac{N \cdot \left(\sum_{i=1}^{N} x_i \cdot y_i\right) - \left(\sum_{i=1}^{N} x_i\right) \cdot \left(\sum_{i=1}^{N} y_i\right)}{\sqrt{N \cdot \left(\sum_{i=1}^{N} x_i^2\right) - \left(\sum_{i=1}^{N} x_i\right)^2} \cdot \sqrt{N \cdot \left(\sum_{i=1}^{N} y_i^2\right) - \left(\sum_{i=1}^{N} y_i\right)^2}}$$

Excel の関数

CORREL 関数　　2 つの配列データの相関係数を返します

■ 例題 ― 相関係数の求め方 ―

① 次のような表を用意します.

表 10.3.2 2変数データの平方と積と合計の計算です

No	x	y	x^2	y^2	$x \cdot y$
1	3500	2700	12250000	7290000	9450000
2	2500	1400	6250000	1960000	3500000
3	6500	6700	42250000	44890000	43550000
4	3000	3300	9000000	10890000	9900000
5	3500	2000	12250000	4000000	7000000
6	5500	3600	30250000	12960000	19800000
7	8000	5900	64000000	34810000	47200000
8	2500	3900	6250000	15210000	9750000
9	12000	7400	144000000	54760000	88800000
10	5000	5000	25000000	25000000	25000000
11	4500	2100	20250000	4410000	9450000
12	6000	4500	36000000	20250000	27000000
13	4500	2200	20250000	4840000	9900000
14	4000	3600	16000000	12960000	14400000
15	5500	4200	30250000	17640000	23100000
合計	76500	58500	474250000	271870000	347800000

② 表 10.3.2 の合計を使って, 相関係数 r を計算します.

$$r = \frac{15 \times 347800000 - 76500 \times 58500}{\sqrt{15 \times 474250000 - (76500)^2} \times \sqrt{15 \times 271870000 - (58500)^2}}$$

$$= 0.8155$$

相関係数はデータの単位の影響を受けない統計量です.
"単位の影響を受けない"
というのは, とてもすぐれた性質です.

研究テーマ

研究テーマ 10 の 1　—回帰直線と予測値—

おこづかいと携帯電話使用料の散布図を見ていると，…

“次のような直線をひくことができるのではないか？”

と思えてきます．

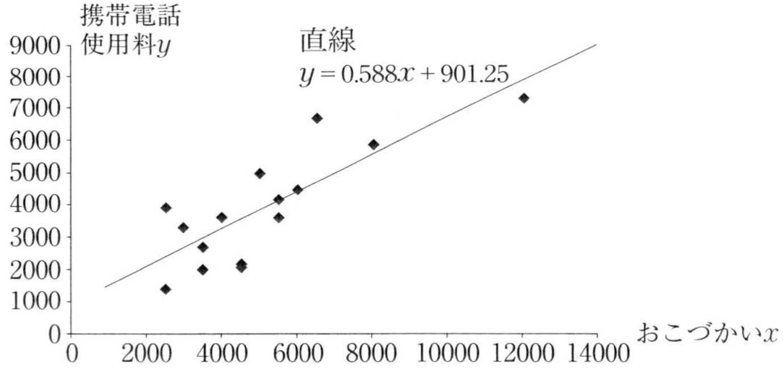

図　散布図と回帰直線

この直線のことを

$$\textbf{回帰直線}\quad y=0.588x+901.25$$

といいます．

この直線の式を使うと，おこづかい x から携帯電話使用料 y を予測できそうですね！

Excel→挿入→散布図→レイアウト
→近似曲線→近似曲線のオプション

研究テーマ 10 の 2　—回帰直線の傾きと切片の求め方—

① 次のような表を用意します.

表　2変数データの型と統計量

No.	データ x	データ y	x^2	y^2	$x \cdot y$
1	x_1	y_1	${x_1}^2$	${y_1}^2$	$x_1 \cdot y_1$
2	x_2	y_2	${x_2}^2$	${y_2}^2$	$x_2 \cdot y_2$
⋮	⋮	⋮	⋮	⋮	⋮
i	x_i	y_i	x_i^2	y_i^2	$x_i \cdot y_i$
⋮	⋮	⋮	⋮	⋮	⋮
N	x_N	y_N	x_N^2	y_N^2	$x_N \cdot y_N$
合計	$\sum_{i=1}^{N} x_i$	$\sum_{i=1}^{N} y_i$	$\sum_{i=1}^{N} x_i^2$	$\sum_{i=1}^{N} y_i^2$	$\sum_{i=1}^{N} x_i \cdot y_i$

② この表の合計を使って，傾き b，切片 a を計算します.

$$\text{傾き } b = \frac{N \cdot \left(\sum_{i=1}^{N} x_i \cdot y_i \right) - \left(\sum_{i=1}^{N} x_i \right) \cdot \left(\sum_{i=1}^{N} y_i \right)}{N \cdot \left(\sum_{i=1}^{N} x_i^2 \right) - \left(\sum_{i=1}^{N} x_i \right)^2}$$

$$\text{切片 } a = \frac{\left(\sum_{i=1}^{N} x_i^2 \right) \cdot \left(\sum_{i=1}^{N} y_i \right) - \left(\sum_{i=1}^{N} x_i \cdot y_i \right) \cdot \left(\sum_{i=1}^{N} x_i \right)}{N \cdot \left(\sum_{i=1}^{N} x_i^2 \right) - \left(\sum_{i=1}^{N} x_i \right)^2}$$

Excel の関数

INTERCEPT 関数　　回帰直線の切片を返します
SLOPE 関数　　回帰直線の傾きを返します

11章　場合の数と確率

11.1 場合の数

どれを選ぶ？

タカコさんは，家族といっしょに近くのホテルへランチバイキングを食べに行きました．

表 11.1.1　ランチバイキングのメニュー

前　菜		
キャベツとツナのサラダ	鮮魚のカルパッチョ	サーモンと大根のマリネ
春雨とハムのピリ辛ソース	生ハムのアンチョビソース	キャベツと豚肉の胡麻サラダ
メイン		
特製蒸し豚スペアリブ	タンドリー風チキン	挽肉と茄子のオーブン焼き
車海老のマヨネーズ和え	カジキのソテー トマトソース	海老姿蒸しチリソース
鶏もも肉ソテー	鱸のソテー　香草風味	牛肉の鉄板焼き
フォアグラのポワレ	サワラのアクアディマーレ	ローストビーフ
パスタ		
ペペロンチーノマリネ	ラグーソース　ニョッキ	グリッシーニライ麦ブレッド
干し海老のアーリオオーリオ	オルトナーラピッツァ	ナポリピッツァ
春野菜のトリコロール	新緑ヴェルデピッツァ	モッツァレラのピッツァ
スイーツ		
苺のショートケーキ	ヨーグルトムース	苺ミルクパウンドケーキ
フランボワーズタルト	カスタードプリン	プチドルチェ
抹茶のロールケーキ	白玉入りあずきムース	スイスロール苺シャンテリー
チョコレートケーキ	苺ゼリー	ティラミス
マチェドニアケーキ	プロフィテロールケーキ	苺ムース
フルーツ		
マンゴー	メロン	ピオーネ

タカコさんは，いろいろ悩んでいます．

1 丸いテーブルに家族５人ですわるときのすわり方は全部で何通りあるのかしら？

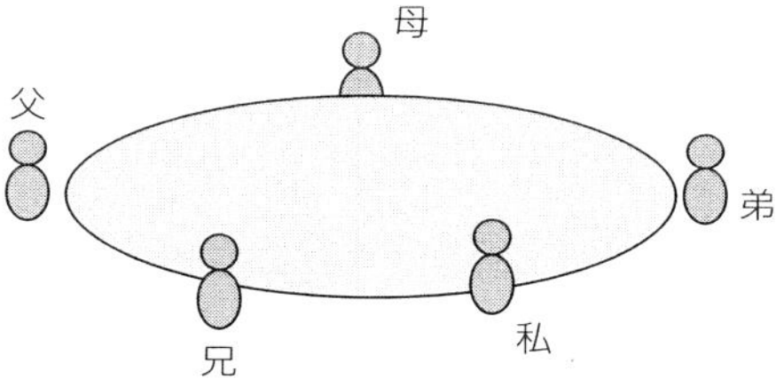

2 一皿に４種類のスイーツをのせることができます．スイーツは，15 種類用意されているのでどのような組合せがあるのかしら？

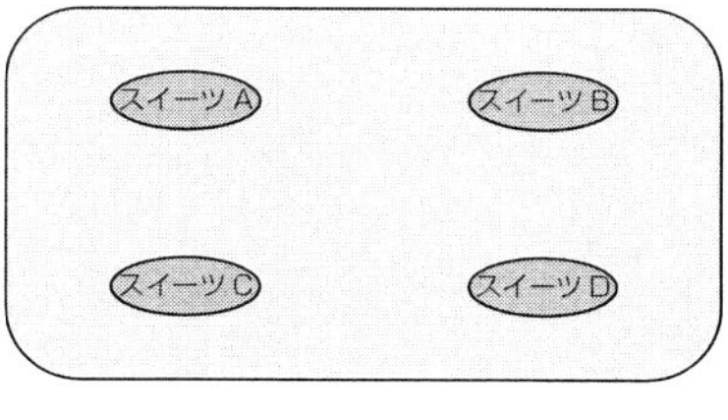

3 ４種類のスイーツの食べる順番は何通りかしら？

１番目 …… スイーツ A

２番目 …… スイーツ B

３番目 …… スイーツ C

４番目 …… スイーツ D

11.2 起こりうる場合の数

ある事象について，起こりうるすべての場合を数え上げるとき

その数を

事象が起こる場合の数

といいます．

試行の結果を
事象
といいます

■ 樹形図

次のような樹形図を描くと，事象が起こる場合の数を，

"もれなく" "重複することなく"

数え上げることができます．

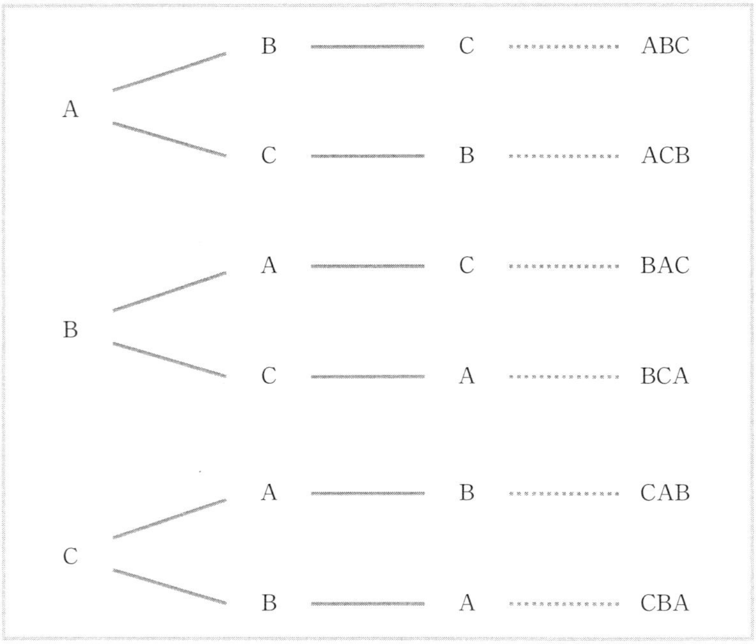

図 11.2.1　順列の樹形図

和の法則

　2つの事象 A，B について

　　　事象 A の起こる場合の数　＝　a

　　　事象 B の起こる場合の数　＝　b

　　　事象 A と B は同時に起こらない

としします．このとき

　　　事象 A または事象 B の起こる場合の数　＝　$a + b$

となります．

例えば，表 11.1.1 のメインまたはパスタから 1 種類取るとき

　　　メインから 1 種類取る場合の数　＝　12

　　　パスタから 1 種類取る場合の数　＝　9

なので，

　　メインまたはパスタから 1 種類取る場合の数　＝　12 + 9

となります．

積の法則

　2つの事象 A，B について

　　　事象 A の起こる場合の数　＝　a

　　　事象 A のそれぞれについて事象 B の起こる場合の数　＝　b

とします．このとき

　　　事象 A と事象 B がともに起こる場合の数　＝　$a \cdot b$

となります．

例えば，表 11.1.1 のメインを 1 種類とスイーツを 1 種類取るとき

　　　メインから 1 種類取る場合の数　＝　12

　　　スイーツから 1 種類取る場合の数　＝　15

なので，

　　メインを 1 種類とスイーツを 1 種類取る場合の数　＝　12 × 15

となります．

11.3 順列

相異なる n 個のもの

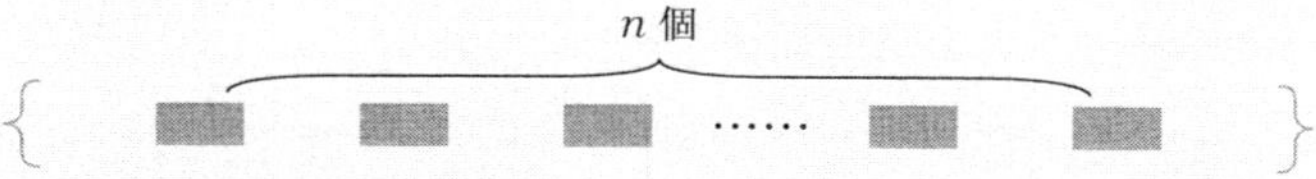

$$\left\{ \underbrace{\blacksquare \quad \blacksquare \quad \blacksquare \quad \cdots\cdots \quad \blacksquare \quad \blacksquare}_{n\text{ 個}} \right\}$$

に順序を付けて 1 列に並べたもの

$$\begin{array}{ccccc} 1\text{番目} & 2\text{番目} & 3\text{番目} & n-1\text{番目} & n\text{番目} \\ \blacksquare & \blacksquare & \blacksquare & \cdots\cdots & \blacksquare & \blacksquare \end{array}$$

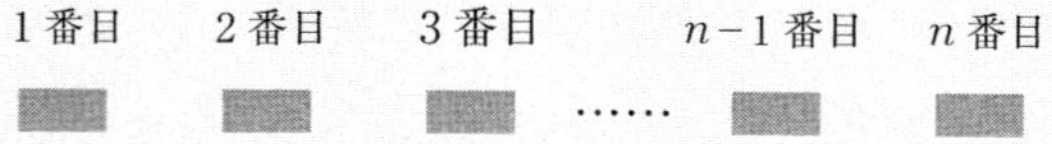

を **順列** といい,
その順列の数は

$$n \text{ 個の順列の数} = n \cdot (n-1) \cdot \cdots \cdot 2 \cdot 1 = n!$$

となります.

例えば,4 種類のケーキ

$$\left\{ \begin{array}{ll} \text{苺のショートケーキ} & \text{マチェドニアケーキ} \\ \text{抹茶のロールケーキ} & \text{チョコレートケーキ} \end{array} \right\}$$

に順番を付けて 1 列に並べると,次のようになります.

	1番目	2番目	3番目	4番目
順列1	苺のショート	マチェドニア	抹茶のロール	チョコレート
順列2	苺のショート	マチェドニア	チョコレート	抹茶のロール
順列3	苺のショート	抹茶のロール	マチェドニア	チョコレート
⋮	⋮	⋮	⋮	⋮
順列23	チョコレート	抹茶のロール	苺のショート	マチェドニア
順列24	チョコレート	抹茶のロール	マチェドニア	苺のショート

相異なる n 個のものから

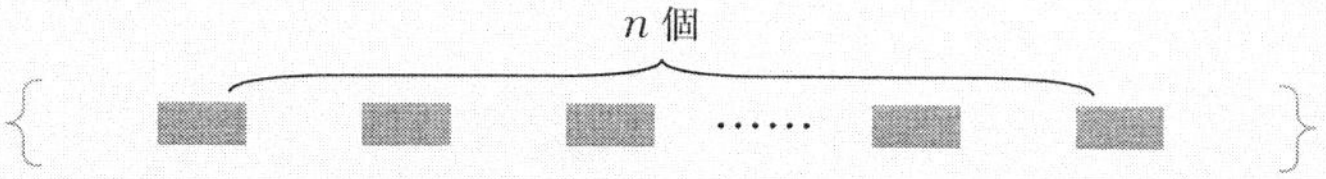

r 個取り出して 1 列に並べたもの

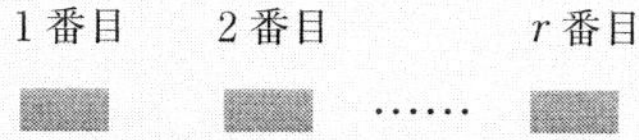

を　**n 個から r 個取る順列**　といい，
その順列の数は

$$n \text{ 個から } r \text{ 個取る順列の数} = \frac{n\,!}{(n-r)!}$$

となります．

n 個から r 個取る順列の数を ${}_n\mathrm{P}_r$ で表します．

例えば，15 種類のスイーツ

苺のショートケーキ	ヨーグルトムース	苺ミルクパウンドケーキ
フランボワーズタルト	カスタードプリン	プチドルチェ
抹茶のロールケーキ	白玉入りあずきムース	スイスロール苺シャンテリー
チョコレートケーキ	苺ゼリー	ティラミス
マチェドニアケーキ	プロフィテロールケーキ	苺ムース

から，4 種類のスイーツを取り出して

スイーツ 1	スイーツ 2
スイーツ 3	スイーツ 4

1 列に並べた順列の数は，次のようになります．

$${}_{15}\mathrm{P}_4 = \frac{15\,!}{(15-4)!} = \frac{15 \times 14 \times 13 \times 12 \times 11!}{11!} = 32760 \text{ 通り}$$

■ 円順列

相異なる n 個のものを円形に並べたものを

円順列

といい，
その円順列の数は

$$\text{円順列の数} = (n-1)!$$

となります．

例えば，5 人家族が丸いテーブルにすわるとき，
そのすわり方は，$(5-1)! = 24$ 通りです．

数珠順列
$$\frac{(n-1)!}{2}$$

■ 重複順列

相異なる n 個のものからくり返し取ることを許して
r 個取り出して並べた順列を

n 個から r 個取る重複順列

といい，
その重複順列の数は

$$n\text{ 個から }r\text{ 個取る重複順列の数} = n^r$$

となります．

例えば，15 種類のスイーツの中からくり返し取ることを許して
4 個取り出して食べる食べ方は，次のようになります．

$$15^4 = 15 \times 15 \times 15 \times 15 = 50625 \text{ 通り}$$

Excel の関数

FACT 関数	数値の階乗を返します
PERMUT 関数	与えられた標本数から指定した個数を選択する場合の順列を返します
COMBIN 関数	指定された個数を選択するときの組み合わせの数を返します

11.4 組合せ

相異なる n 個のものから

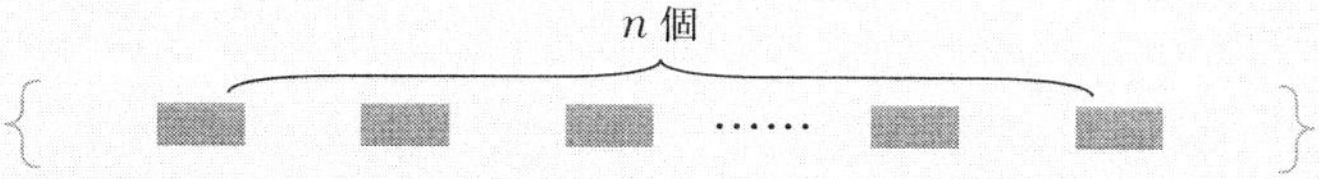

$$\left\{ \underbrace{\blacksquare \quad \blacksquare \quad \blacksquare \quad \cdots\cdots \quad \blacksquare \quad \blacksquare}_{n \text{ 個}} \right\}$$

から r 個取り出して作る組

$$\left\{ \underbrace{\blacksquare \quad \blacksquare \quad \cdots\cdots \quad \blacksquare}_{r \text{ 個}} \right\}$$

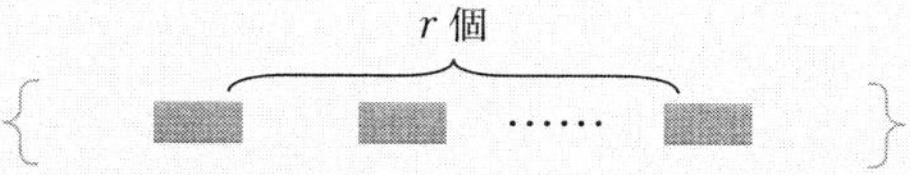

を **n 個から r 個取る組合せ** といい，その組合せの数は

$$n \text{ 個から } r \text{ 個取る組合せの数} = \frac{n!}{r! \cdot (n-r)!} = {}_nC_r$$

となります．

例えば，15 種類のスイーツの中から

$$\left\{ \begin{array}{lll} \text{苺のショートケーキ} & \text{ヨーグルトムース} & \text{苺ミルクパウンドケーキ} \\ \text{フランボワーズタルト} & \text{カスタードプリン} & \text{プチドルチェ} \\ \text{抹茶のロールケーキ} & \text{白玉入りあずきムース} & \text{スイスロール苺シャンテリー} \\ \text{チョコレートケーキ} & \text{苺ゼリー} & \text{ティラミス} \\ \text{マチェドニアケーキ} & \text{プロフィテロールケーキ} & \text{苺ムース} \end{array} \right\}$$

4 種類のスイーツを取り出して作る組合せの数は

$$\left\{ \begin{array}{ll} \text{スイーツ1} & \text{スイーツ2} \\ \text{スイーツ3} & \text{スイーツ4} \end{array} \right\}$$

次のようになります．

$$_{15}C_4 = \frac{15!}{4! \times (15-4)!} = \frac{15 \times 14 \times 13 \times 12 \times 11!}{4 \times 3 \times 2 \times 1 \times 11!} = 1365 \text{ 通り}$$

■ 重複組合せ

相異なる n 個のものから　くり返し取ることを許して
r 個取り出す組合せを

重複組合せ

といい，その重複組合せの数は

$$\text{重複組合せの数} = \frac{(n+r-1)!}{r!\cdot(n-1)!} = {}_{n+r-1}C_r$$

となります．

例えば，15 種類のスイーツの中から

苺のショートケーキ	ヨーグルトムース	苺ミルクパウンドケーキ
フランボワーズタルト	カスタードプリン	プチドルチェ
抹茶のロールケーキ	白玉入りあずきムース	スイスロール苺シャンテリー
チョコレートケーキ	苺ゼリー	ティラミス
マチェドニアケーキ	プロフィテロールケーキ	苺ムース

4 個のスイーツを取り出す重複組合せの数は

スイーツ 1	スイーツ 2
スイーツ 3	スイーツ 4

次のようになります．

$${}_{15+4-1}C_4 = \frac{18!}{4!\times(18-4)!} = \frac{18\times17\times16\times15\times14!}{4\times3\times2\times1\ \times14!} = 3060 \text{ 通り}$$

11.5 2項定理

2項定理

$$(a+b)^n = {}_nC_0 \cdot a^n + {}_nC_1 \cdot a^{n-1} \cdot b^1 + {}_nC_2 \cdot a^{n-2} \cdot b^2 + \cdots$$
$$+ {}_nC_r \cdot a^{n-r} \cdot b^r + \cdots + {}_nC_{n-1} \cdot a^1 \cdot b^{n-1} + {}_nC_n \cdot b^n$$

各項の係数

$${}_nC_0 \quad {}_nC_1 \quad {}_nC_2 \quad \cdots \quad {}_nC_{n-1} \quad {}_nC_n$$

を２項係数といい，

$${}_nC_r \cdot a^{n-r} \cdot b^r$$

を一般項といいます．

2項係数は，次のような三角形になっています．

$n = 1$ ……	1 1
$n = 2$ ……	1 2 1
$n = 3$ ……	1 3 3 1
$n = 4$ ……	1 4 6 4 1
$n = 5$ ……	1 5 10 10 5 1
$n = 6$ ……	1 6 15 20 15 6 1
$n = 7$ ……	1 7 21 35 35 21 7 1

図 11.5.1 パスカルの三角形

この2項定理は，12 章で学ぶ2項分布と密接な関係があります．

$$((1-p)+p)^n = {}_nC_0 \cdot (1-p)^n + {}_nC_1 \cdot (1-p)^{n-1} \cdot p^1 + {}_nC_2 \cdot (1-p)^{n-2} \cdot p^2 + \cdots\cdots$$
$$+ {}_nC_r \cdot (1-p)^{n-r} \cdot p^r + \cdots\cdots + {}_nC_{n-1} \cdot (1-p)^1 \cdot p^{n-1} + {}_nC_n \cdot p^n$$

11.6 試行と事象

同じ条件のもとで何度もくり返すことのできる実験や観測・観察をおこなうことを

試行

といい，試行の結果として起こることを

事象

といいます．

例えば，15 種類のスイーツから苺のショートケーキを取るとき

試行＝スイーツを取る

事象＝苺のショートケーキ

となります．

■ 全事象

起こりうる結果全体の集合 S で表される事象を

全事象

といいます．

■ 根元事象

全事象 S のひとつの要素からなる事象を

根元事象

といいます．

根元事象は
それ以上
分けられません

■ 空事象

空集合 ϕ で表される事象を

空事象

といいます．

空事象は
決して起こらない
事象です

■ 和事象

2つの事象A，Bについて，事象Aまたは事象Bが起こる事象を

事象Aと事象Bの**和事象**

といい，A∪Bで表します．

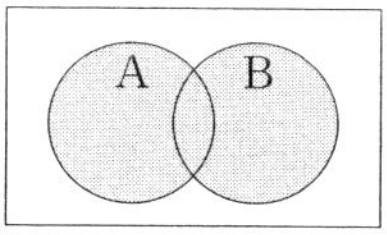

図 11.6.1　和事象

■ 積事象

2つの事象A，Bについて，事象Aと事象Bが共に起こる事象を

事象Aと事象Bの**積事象**

といい，A∩Bで表します．

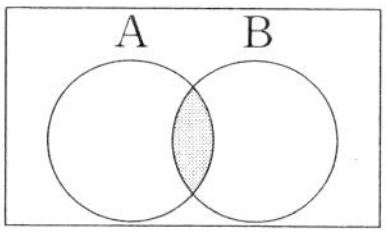

図 11.6.2　積事象

■ 排反事象

2つの事象A，Bが同時に起こることがないとき

事象Aと事象Bは互いに**排反**である

といいます．

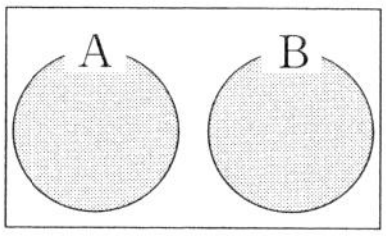

図 11.6.3　排反事象

■ 余事象

事象Aに対して，事象Aが起こらないという事象を

事象Aの**余事象**

といい，$\overline{A}$で表します．

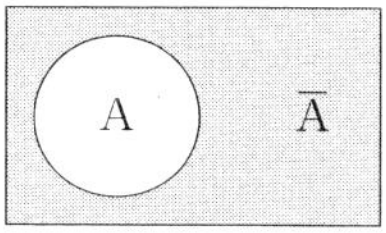

図 11.6.4　余事象

11.7 事象の確率

どの根元事象が起こることも同じ程度に期待できるとき

“これらの根元事象は同様に確からしい”

といいます.

$$\text{事象 A の起こる確率} = \frac{\text{事象 A の起こる場合の数}}{\text{起こりうるすべての場合の数}}$$

事象 A の確率を $P(\mathrm{A})$ で表します.

例えば, 表 11.1.1 のスイーツからスイーツを 1 個選ぶとき

そのスイーツがケーキである確率は,

$$\text{ケーキを選ぶ確率} = \frac{5}{15}$$

となります.

確率の基本性質

性質 1. どのような事象 A に対しても

$$0 \leqq P(\mathrm{A}) \leqq 1$$

性質 2. 全事象 S について

$$P(\mathrm{S}) = 1$$

性質 3. 空事象 ϕ について

$$P(\phi) = 0$$

性質 4. 事象 A と事象 B が互いに排反であるとき

$$P(\mathrm{A} \cup \mathrm{B}) = P(\mathrm{A}) + P(\mathrm{B})$$

確率
= Probability

和事象の確率

2つの事象AとBについて

$$P(A \cup B) = P(A) + P(B) - P(A \cap B)$$

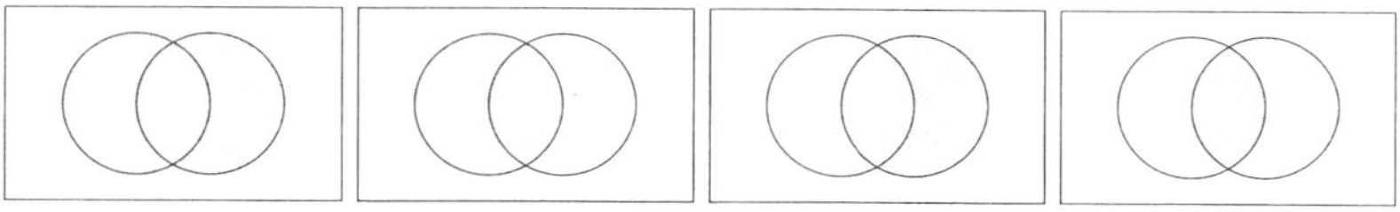

余事象の確率

$P(A) + P(\bar{A}) = 1$

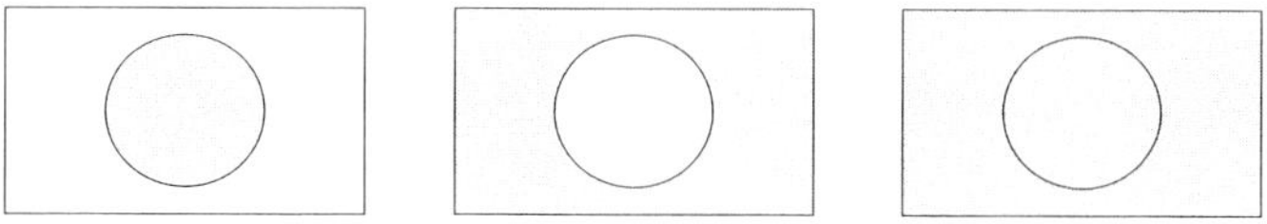

独立な事象の確率

2つの事象A，Bの結果が互いに他に影響を及ぼさないとき

“2つの事象A，Bは互いに独立である”

といい，次の式が成り立ちます．

$$P(A \cap B) = P(A) \cdot P(B)$$

例えば，子どもの数が3人の家庭をとり上げます．

事象A……女の子と男の子がいる

事象B……少なくとも男の子が2人いる

このとき，

$$P(A) = \frac{6}{8} \qquad P(B) = \frac{4}{8} \qquad P(A \cap B) = \frac{3}{8}$$

となるので

“事象Aと事象Bは独立である”

ということがわかります．

■ 反復試行の確率

1つの試行を同じ条件のもとで，何回かくり返しおこなうとき，この試行を

反復試行

といいます．

1つの試行において，事象Aの起こる確率を p とします．

試行を n 回くり返すとき，事象Aが r 回起こる確率は

$$ {}_{n}C_{r} \cdot p^{r} \cdot (1-p)^{n-r} $$

となります．

表11.1.1の中からスイーツをくり返し7回取ったとき，その中にケーキが3回含まれている確率を求めてみましょう．

スイーツを取ったとき，そのスイーツがケーキである確率は

$$ \frac{6}{15} $$

です．したがって，

スイーツを7回取ったときケーキが3回含まれている確率は

$$ {}_{7}C_{3} \times \left(\frac{6}{15}\right)^{3} \times \left(1-\frac{6}{15}\right)^{7-3} $$

$$ = \frac{7\,!}{3\,! \times 4\,!} \times \left(\frac{6}{15}\right)^{3} \times \left(\frac{9}{15}\right)^{4} $$

$$ = \quad 0.2903 $$

となります．

■ 条件付確率

2つの事象A，Bについて

$$\frac{\text{事象Aと事象Bが同時に起こる回数}}{\text{事象Aが起こる回数}}$$

を

“事象Aが起こったという条件のもとで
事象Bが起こる**条件付確率**”

といい，
この条件付確率を $P(\mathrm{B}|\mathrm{A})$ で表します.

$$P(\mathrm{B}|\mathrm{A})=\frac{n(\mathrm{A}\cap\mathrm{B})}{n(\mathrm{A})}$$

乗法公式
$\mathrm{P}(\mathrm{A}\cap\mathrm{B})=\mathrm{P}(\mathrm{B}\mid\mathrm{A})\cdot\mathrm{P}(\mathrm{A})$

■ ベイズの定理

次のベイズの定理は重要です.

ベイズの定理

$$P(\mathrm{B}|\mathrm{A})=\frac{P(\mathrm{A}|\mathrm{B})\cdot P(\mathrm{B})}{P(\mathrm{A}|\mathrm{B})\cdot P(\mathrm{B})+P(\mathrm{A}|\overline{\mathrm{B}})\cdot P(\overline{\mathrm{B}})}$$

$$P(\mathrm{B}_1|\mathrm{A})=\frac{P(\mathrm{A}|\mathrm{B}_1)\cdot P(\mathrm{B}_1)}{P(\mathrm{A}|\mathrm{B}_1)\cdot P(\mathrm{B}_1)+P(\mathrm{A}|\mathrm{B}_2)\cdot P(\mathrm{B}_2)+P(\mathrm{A}|\mathrm{B}_3)\cdot P(\mathrm{B}_3)}$$

研究テーマ

研究テーマ 11の1

表 11.1.1 のスイーツの中から，ケーキをお母さんに取ってきてもらったとき，そのケーキに苺がのっている確率は？

この確率は条件付確率です．

事象 A …… ケーキを選ぶ

{ 苺のショートケーキ　苺ミルクパウンドケーキ
抹茶のロールケーキ　チョコレートケーキ
マチェドニアケーキ　プロフィテロールケーキ }

$n(\mathrm{A}) = 6$

事象 B …… 苺がのっているスイーツを選ぶ

{ 苺のショートケーキ　苺ミルクパウンドケーキ
スイスロール苺シャンテリー　苺ゼリー　ミント風味
苺ムース }

とすると，

$n(\mathrm{B}) = 5$

事象 B∩A …… 苺がのっているケーキを選ぶ

{ 苺のショートケーキ　苺ミルクパウンドケーキ }

$n(\mathrm{B} \cap \mathrm{A}) = 2$

となるので，ケーキを選んだとき苺がのっている確率は

$$P(\mathrm{B}|\mathrm{A}) = \frac{n(\mathrm{B} \cap \mathrm{A})}{n(\mathrm{A})}$$

$$= \frac{2}{6}$$

となります．

ところで……

事象 $\overline{\mathrm{B}}$ …… 苺がのっていないスイーツを選ぶ

ヨーグルトムース	フランボワーズタルト
カスタードプリン	プチドルチェ
抹茶のロールケーキ	白玉入りあずきムース
チョコレートケーキ	ショップメイドティラミス
マチェドニアケーキ	プロフィテロールケーキ

$n(\overline{\mathrm{B}}) = 10$

事象 $\overline{\mathrm{B}} \cap \mathrm{A}$ …… 苺がのっていないケーキを選ぶ

抹茶のロールケーキ	チョコレートケーキ
マチェドニアケーキ	プロフィテロールケーキ

$n(\overline{\mathrm{B}} \cap \mathrm{A}) = 4$

なので，ベイズの定理に代入してみると

$$P(\mathrm{B}|\mathrm{A}) = \frac{P(\mathrm{A}|\mathrm{B}) \cdot P(\mathrm{B})}{P(\mathrm{A}|\mathrm{B}) \cdot P(\mathrm{B}) + P(\mathrm{A}|\overline{\mathrm{B}}) \cdot P(\overline{\mathrm{B}})}$$

$$= \frac{\dfrac{n(\mathrm{A} \cap \mathrm{B})}{n(\mathrm{B})} \cdot P(\mathrm{B})}{\dfrac{n(\mathrm{A} \cap \mathrm{B})}{n(\mathrm{B})} \cdot P(\mathrm{B}) + \dfrac{n(\mathrm{A} \cap \overline{\mathrm{B}})}{n(\overline{\mathrm{B}})} \cdot P(\overline{\mathrm{B}})}$$

$$= \frac{\dfrac{2}{5} \times \dfrac{5}{15}}{\dfrac{2}{5} \times \dfrac{5}{15} + \dfrac{4}{10} \times \dfrac{10}{15}}$$

$$= \frac{1}{3}$$

となります.

12章　確率分布

12.1　富士山の形

火山灰の噴火？

山登りの好きなユウジロウ君は，夏休みにお父さんといっしょにミズガキ山に登りました．

そのミズガキ山の山頂から　富士山をながめていたユウジロウ君は

『富士山はなぜあのような形をしているのだろう？』

と思いました．

富士山は，火山灰が積もってできた山です．

火山灰は，火口から吹き上げられ，周囲に散らばってゆきます．

火口近くには　多くの火山灰が積もります．

火口から遠くなるにつれて，火山灰は減少します．

ということは・・・

図 12.1.1　富士山は正規分布？

ユウジロウ君は，・・・・
『火口近くに降り積もる火山灰の確率は高い』
『火口から遠くなるにつれて　火山灰の積もる確率は低くなる』
といったことを考えています．

火口からの距離と火山灰の降る確率を考えていると…

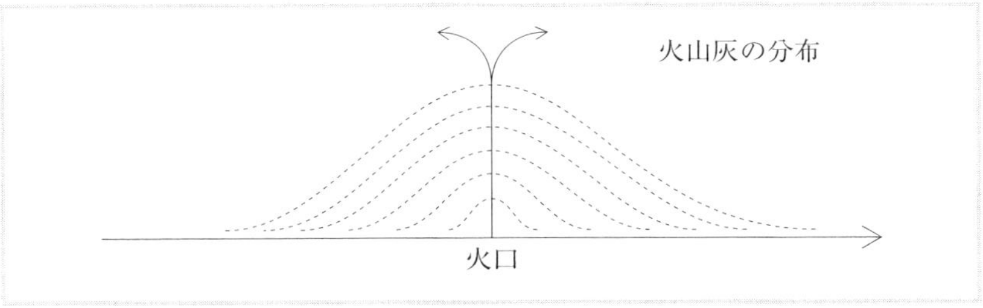

図 12.1.2　火口からの距離と火山灰の確率

このとき，ユウジロウ君は，次のようなヒストグラムのことを
思い出しました．

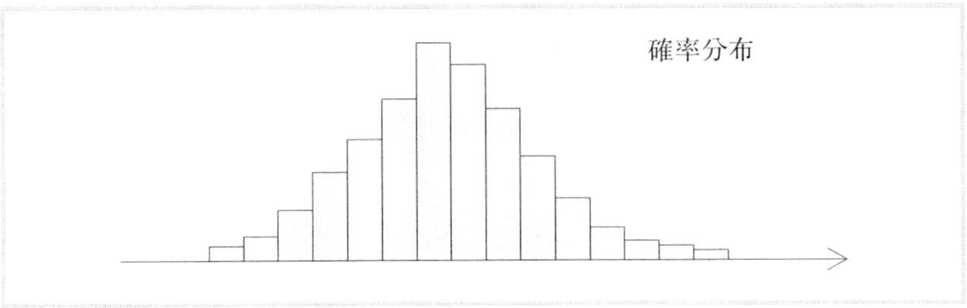

図 12.1.3　ヒストグラム

火山灰の確率はヒストグラムの相対度数に似ていますね．

12.2 離散型確率分布

次の度数分布表において，相対度数は確率の性質をもっています．

表 12.2.1　度数分布表と確率分布

階級	階級値	度数	相対度数	累積度数	累積相対度数
20 ～ 30	25	2	0.050	2	0.050
30 ～ 40	35	3	0.075	5	0.125
40 ～ 50	45	4	0.100	9	0.225
50 ～ 60	55	6	0.150	15	0.375
60 ～ 70	65	9	0.225	24	0.600
70 ～ 80	75	8	0.200	32	0.800
80 ～ 90	85	5	0.125	37	0.925
90 ～ 100	95	3	0.075	40	1.000
	合計	40	1		

この度数分布表の階級値のように，

確率が対応している変数のことを

確率変数

といいます．

確率変数と確率の対応を

確率分布

といいます．

確率の性質
1. 0 ≦ 確率 ≦ 1

2. 確率の合計 = 1

確率変数のとる値が飛び飛びの値のとき，その確率分布のことを

離散型確率分布

といいます．

確率変数のとる値が連続のときには，その確率分布のことを

連続型確率分布

といいます．

離散型確率分布の平均と分散の定義

次のような離散型確率分布

表 12.2.2　離散型確率分布

確率変数 $X=x_i$	確率 $P(X=x_i)=p_i$
x_1	p_1
x_2	p_2
$\vdots$	$\vdots$
x_n	p_n

に対して，

$$\mathrm{E}(\mathrm{X}) = x_1 \cdot p_1 + x_2 \cdot p_2 + \cdots + x_n \cdot p_n = \sum_{i=1}^{n} x_i \cdot p_i$$

を確率変数 X の平均 μ，または期待値といいます．

$$\mathrm{Var}(X) = (x_1-\mu)^2 \cdot p_1 + (x_2-\mu)^2 \cdot p_2 + \cdots + (x_n-\mu)^2 \cdot p_n = \sum_{i=1}^{n} (x_i-\mu)^2 \cdot p_i$$

を確率変数 X の分散 σ^2 といい，その平方根

$$\sqrt{\mathrm{Var}(\mathrm{X})} = \sqrt{(x_1-\mu)^2 \cdot p_1 + (x_2-\mu)^2 \cdot p_2 + \cdots + (x_n-\mu)^2 \cdot p_n} = \sqrt{\sum_{i=1}^{n} (x_i-\mu)^2 \cdot p_i}$$

を確率変数 X の標準偏差 σ といいます．

12.3 2項分布

離散型確率分布の代表的な例として，2項分布があります．

2項分布の定義

確率変数 X が 0，1，2，…，n の値をとるとき，
その確率が

$$P(X=x) = \binom{n}{x} \cdot p^x \cdot (1-p)^{n-x} \qquad (0<p<1)$$

で与えられる確率分布を **2項分布** $B(n,\ p)$ といいます．

$$\binom{n}{x} = \frac{n!}{(n-x)! \cdot x!} = {}_n\mathrm{C}_x$$

復元抽出と非復元抽出

復元抽出とは，

箱から1個取り出して

“不良品かどうか”

を調べて箱にもどし，

よくかき混ぜてから，また1個箱から取り出して

“不良品かどうか”

を調べて箱にもどし，

これを n 回くり返す方法

のことです．

箱にもどさないで n 回くり返すとき，**非復元抽出**といいます．

2項分布は，
復元抽出のときの
確率分布です．

Excelの関数

BINOM.DIST 関数　　2項分布の確率関数の値を返します

2 項分布の平均と分散の公式

平均 $E(X) = \sum_{x=0}^{n} x \cdot \binom{n}{x} \cdot p^{x} \cdot (1-p)^{n-x} = n \cdot p$

分散 $\mathrm{Var}(X) = \sum_{x=0}^{n} (x-np)^{2} \cdot \binom{n}{x} \cdot p^{x} \cdot (1-p)^{n-x} = n \cdot p \cdot (1-p)$

項分布の平均 $E(X)$ は，次のように計算しています．

$$
\begin{aligned}
E(X) &= \sum_{x=0}^{n} x \cdot \frac{n \cdot (n-1) \cdots (n-x+1)}{x!} \cdot p^{x} \cdot (1-p)^{n-x} \\
&= n \cdot p \cdot \sum_{x=1}^{n} \frac{(n-1) \cdot (n-2) \cdots (n-x+1)}{(x-1)!} \cdot p^{x-1} \cdot (1-p)^{m-x} \\
&= n \cdot p \cdot \sum_{x-1=0}^{n-1} \frac{(n-1) \cdot (n-2) \cdots ((n-1)-(x-1)+1)}{(x-1)!} \cdot p^{x-1} \cdot (1-p)^{(n-1)-(x-1)} \\
&= n \cdot p \cdot 1
\end{aligned}
$$

2 項分布の分散 $\mathrm{Var}(X)$ は，次のように計算しています．

$$
\begin{aligned}
\mathrm{Var}(X) &= E(X^{2}) - (E(X))^{2} \\
&= \sum_{x=0}^{n} x^{2} \cdot \binom{n}{x} \cdot p^{x} \cdot (1-p)^{n-x} - (n \cdot p)^{2} \\
&= \sum_{x=0}^{n} (x \cdot (x-1) + x) \cdot \binom{n}{x} \cdot p^{x} \cdot (1-p)^{n-x} - n^{2} \cdot p^{2} \\
&= \sum_{x=2}^{n} x \cdot (x-1) \cdot \frac{n \cdot (n-1) \cdots (n-x+1)}{x!} \cdot p^{x} \cdot (1-p)^{n-x} + n \cdot p - n^{2} \cdot p^{2} \\
&= n \cdot (n-1) \cdot p^{2} \cdot \sum_{x-1=0}^{n-2} \frac{(n-2) \cdots ((n-2)-(x-2)+1)}{(x-2)!} \cdot p^{x-2} \cdot (1-p)^{(n-2)-(x-2)} + n \cdot p - n^{2} \cdot p^{2} \\
&= n \cdot (n-1) \cdot p^{2} \cdot 1 + n \cdot p - n^{2} \cdot p^{2} \\
&= n \cdot p \cdot (1-p)
\end{aligned}
$$

$\mathrm{Var}(X) = E(X^{2}) - (E(X))^{2}$
は p.136

12.4 記述統計と推測統計

統計学は大きく分けて

記述統計　と　推測統計

の2つに分けることができます.

記述統計

記述統計とは, データがもっている特徴を

平均値・分散・標準偏差

といった統計量で記述したり,

棒グラフ・円グラフ・折れ線グラフ

といった図でグラフ表現するものです.

したがって, 記述統計では

“そのデータ自体がすべての世界”

になっています.

データそれ自体を
記述する

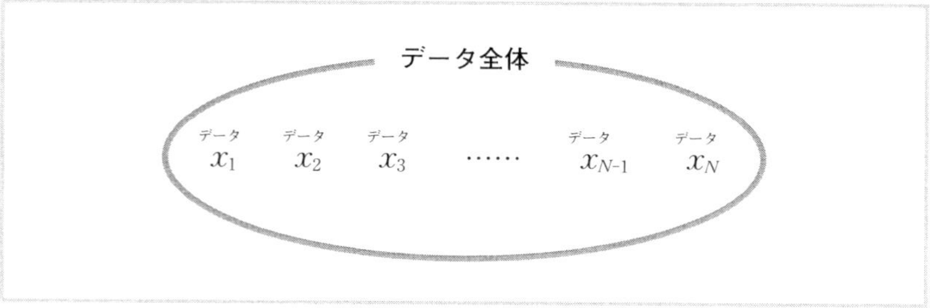

図 12.4.1　記述統計はデータがすべて

推測統計

推測統計には，母集団と標本という 2 つの概念が登場します．

この標本は母集団から取り出されたデータのことなので
推測統計では，

“データの背後にもっと大きなデータの集まりがある”

と考えています．

母集団
= population

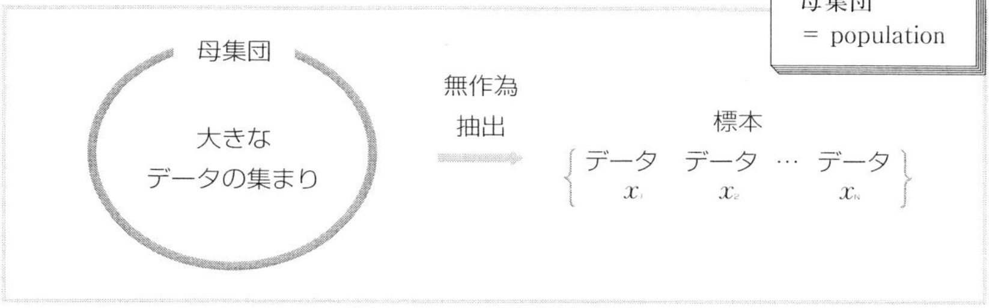

図 12.4.2　母集団と標本

標本
= sample

したがって，推測統計の推測とは

“母集団を特徴づける母平均 μ や母分散 σ^2 を
標本平均 $\bar{x}$ や標本分散 s^2 から推測する”

ということになります．

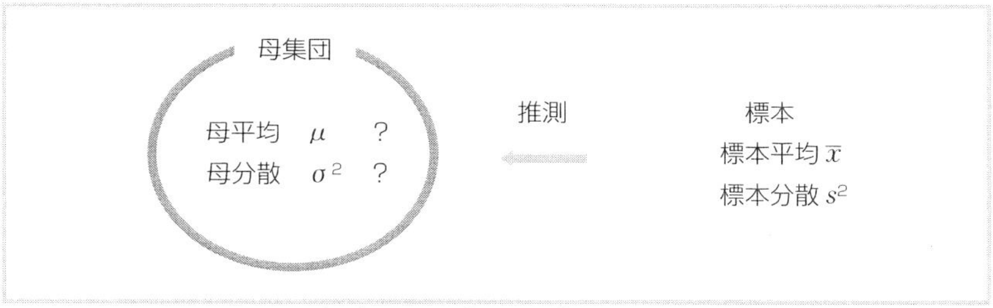

図 12.4.3　標本から母集団のパラメータを推測する

12.5 連続型確率分布

離散型確率分布では，確率変数 X のとる値が飛び飛びの値になっていました．

$$確率変数\ X = x_i \quad \rightarrow \quad 確率\ P(X = x_i) = p_i$$

この確率変数 X のとる値が連続な値になっているとき，
その確率分布を

連続型確率分布

といいます．

連続型確率分布では，確率変数に対応するのは確率ではなく

確率密度

になります．

したがって，連続型確率分布では

$$確率変数\ X = x_i \quad \rightarrow \quad 確率密度\ f\ (x_i)$$

という対応になります．

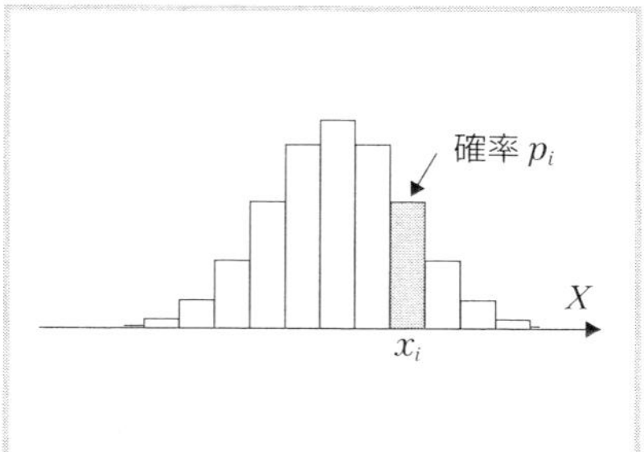

図 12.5.1　離散型確率分布

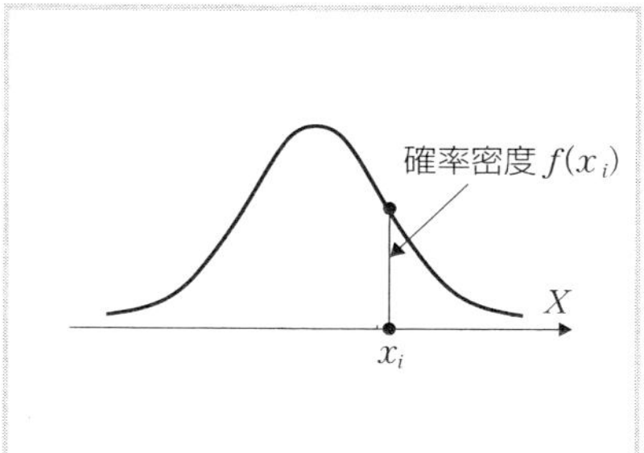

図 12.5.2　連続型確率分布

分布関数と確率密度関数

連続型確率分布では，確率は次の図の面積のようになります．

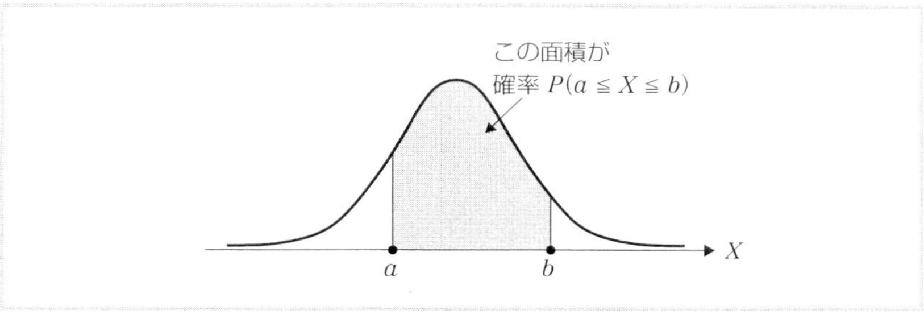

図 12.5.3　連続型確率分布の確率

このとき，次の曲線の下の面積を与える関数

$$F(x) = P(X \leqq x)$$

を　確率変数 X の**分布関数**といいます．

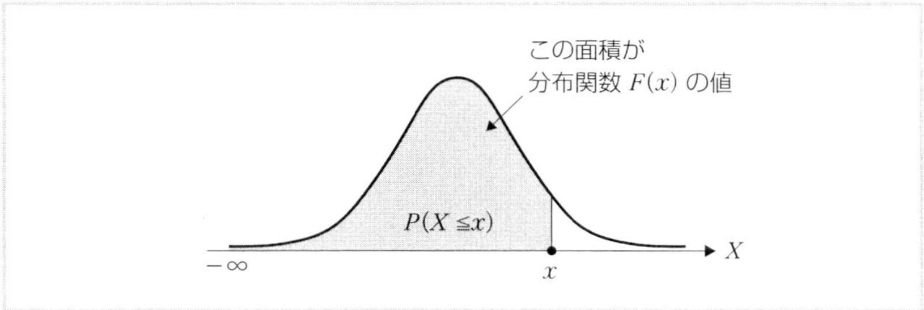

図 12.5.4　分布関数 $F(x)$

そして，この曲線がある関数f (x) のグラフになっているとき，この関数$f(x)$を

確率変数 X の**確率密度関数**

といいます．

分布関数による確率の計算

確率変数 X の区間　$a \leqq X \leqq b$　の確率

$$P(a \leqq X \leqq b)$$

は分布関数 $F(x)$ を用いて

$$P(a \leqq X \leqq b) = F(b) - F(a)$$

のように表現することができます.

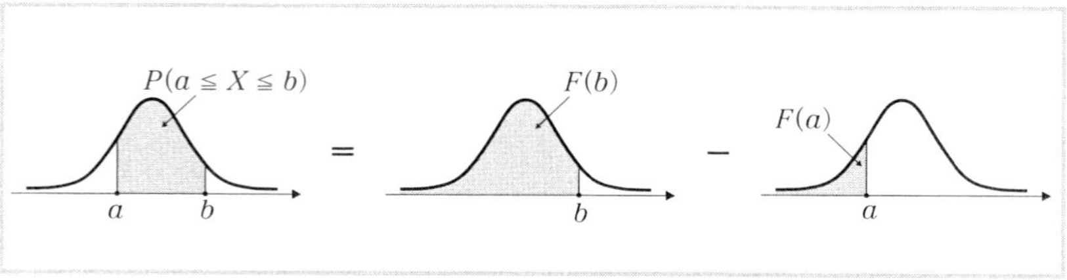

図 12.5.6　確率 $P(a \leqq X \leqq b)$ の計算

したがって，分布関数 $F(x)$ と確率密度関数 $f(x)$ との関係は

$$F(b) - F(a) = \int_a^b f(x)\,dx$$

となります.

$$\begin{aligned}
\mathrm{Var}(X) &= \sum_{i=1}^{n} (x_i - \mu)^2 \cdot p_i \\
&= \sum_{i=1}^{n} (x_i^2 - 2x_i \cdot \mu + \mu^2) \cdot p_i \\
&= \sum_{i=1}^{n} x_i^2 \cdot p_i - 2\mu \cdot \left(\sum_{i=1}^{n} x_i \cdot p_i \right) + \mu^2 \cdot \left(\sum_{i=1}^{n} p_i \right) \\
&= E(X^2) - (E(X))^2
\end{aligned}$$

連続型確率分布の平均と分散の定義

$f(x)$を確率変数 X の確率密度関数とします．このとき

$$E(X) = \int_{-\infty}^{+\infty} x \cdot f(x)\,dx$$

を確率変数 X の平均 μ といいます．

$$\mathrm{Var}(X) = \int_{-\infty}^{+\infty} (x-\mu)^2 \cdot f(x)\,dx$$

を確率変数 X の分散 σ^2 といい，その平方根

$$\sqrt{\mathrm{Var}(X)} = \sqrt{\int_{-\infty}^{+\infty} (x-\mu)^2 \cdot f(x)\,dx}$$

を確率変数 X の標準偏差 σ といいます．

$$\int_{-\infty}^{+\infty} f(x)\,dx$$

=

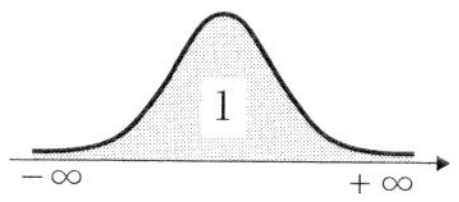

分散に関する重要な公式

$$\begin{aligned}
\mathrm{Var}(X) &= \int_{-\infty}^{+\infty} (x-\mu)^2 \cdot f(x)\,dx \\
&= \int_{-\infty}^{+\infty} (x^2+\mu^2-2x\cdot\mu) \cdot f(x)\,dx \\
&= \int_{-\infty}^{+\infty} x^2 \cdot f(x)\,dx + \mu^2 \cdot \int_{-\infty}^{+\infty} f(x)\,dx - 2\mu \cdot \int_{-\infty}^{+\infty} x \cdot f(x)\,dx \\
&= E(X^2) + \mu^2 \cdot 1 - 2\mu \cdot E(X) \\
&= E(X^2) + (E(X))^2 - 2E(X) \cdot E(X) \\
&= E(X^2) - (E(X))^2
\end{aligned}$$

12.6 正規分布と標準正規分布

正規分布の定義

確率変数 X に対して，確率密度関数 $f(x)$ が

$$f(x) = \frac{1}{\sigma\sqrt{2\pi}} \cdot e^{-\frac{1}{2}\left(\frac{x-\mu}{\sigma}\right)^2} \qquad (-\infty < x < +\infty)$$

で与えられる連続型確率分布を**正規分布** $N(\mu, \sigma^2)$ といいます．

特に，平均 $\mu = 0$，分散 $\sigma^2 = 1^2$ のとき，標準正規分布といいます．

正規分布の平均と分散の公式

平均　$E(X) = \int_{-\infty}^{+\infty} x \cdot \frac{1}{\sigma\sqrt{2\pi}} \cdot e^{-\frac{1}{2}\left(\frac{x-\mu}{\sigma}\right)^2} dx = \mu$

分散　$\mathrm{Var}(X) = \int_{-\infty}^{+\infty} (x-\mu)^2 \cdot \frac{1}{\sigma\sqrt{2\pi}} \cdot e^{-\frac{1}{2}\left(\frac{x-\mu}{\sigma}\right)^2} dx = \sigma^2$

■ 正規分布に関する重要な 4 つの定理

定理（その 1）

N 個のデータ $\{ x_1 \quad x_2 \quad \cdots \quad x_N \}$ が正規母集団 $N(\mu,\ \sigma^2)$ から
ランダムに取り出されたとき，

$$\text{データの平均}\quad \bar{x} = \frac{x_1 + x_2 + \cdots + x_N}{N}$$

の分布は，正規分布 $N\left(\mu,\ \frac{\sigma^2}{N}\right)$ になります．

平均 $\bar{x}$ の分散は
小さくなります

定理（その 2）

確率変数 X_1, X_2, …, X_N が互いに独立に正規分布 $N(\mu,\ \sigma^2)$ に従うとき,

$$\text{統計量}\quad \frac{\bar{x}-\mu}{\sqrt{\dfrac{\sigma^2}{N}}}$$

の分布は，標準正規分布 $N(0,\ 1^2)$ になります.

母平均の推定のとき
この定理を使います

定理（その 3）

N が大きいとき，2 項分布 $B(N,\ p)$ は,
正規分布 $N(Np,\ Np(1-p))$ で近似されます.

母比率の推定のとき
この定理を使います

定理（その 4）

確率変数 X_1, X_2, …, X_N が互いに独立で平均 μ，分散 σ^2 の同一の　　分布に従っているとき,

$$\text{統計量}\quad \overline{X}=\frac{X_1+X_2+\cdots+X_N}{N}$$

の分布は，N が十分大きくなると,

正規分布 $N\left(\mu,\ \dfrac{\sigma^2}{N}\right)$ に近づきます.

この定理を
中心極限定理
といいます！

どのような分布に対しても，この定理（その 4）は成り立ちます.

■ Excelで描く標準正規分布

❶ Excelのワークシートに，次のように入力します．

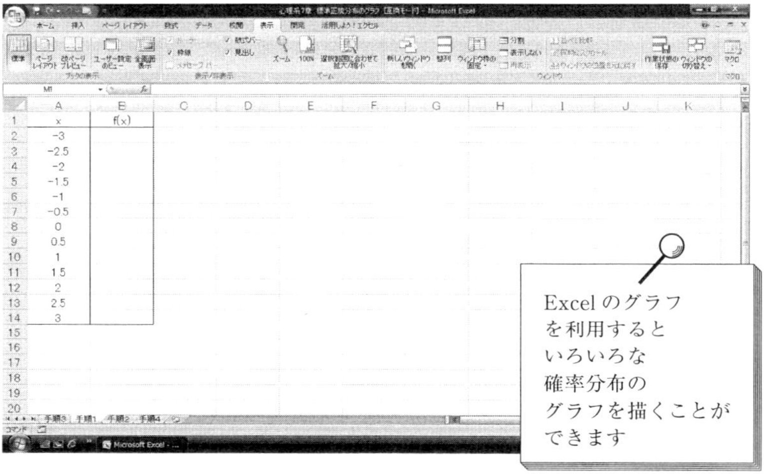
Excelのグラフ
を利用すると
いろいろな
確率分布の
グラフを描くことが
できます

❷ B2のセルに

$$= \mathrm{EXP}\,(-1 * \mathrm{A2\^{}2/2})\ /\ (2 * \mathrm{PI}\,(\quad))\ \mathrm{\^{}0.5}$$

と入力して，B2のセルをB3からB14までコピー，貼り付けます．

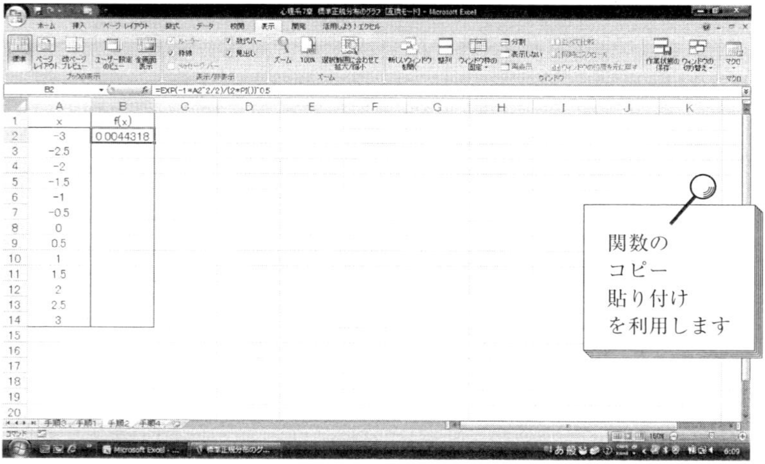
関数の
コピー
貼り付け
を利用します

❸ C2 のセルをクリックしてから，グラフの中の散布図をクリック．
次のアイコンを選択すると…

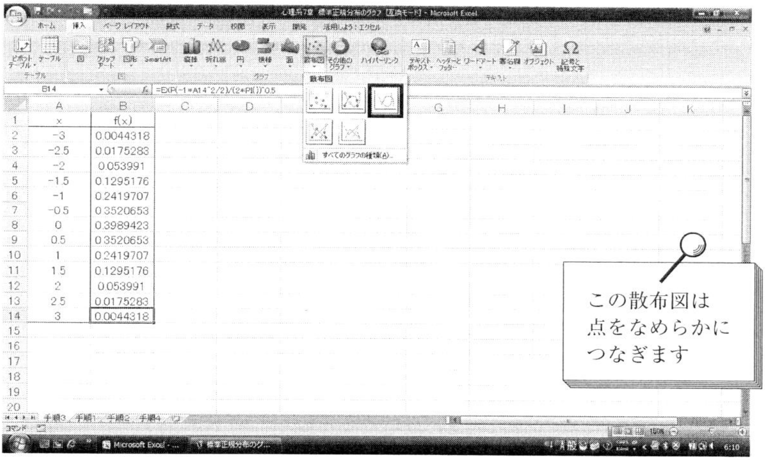

❹ 標準正規分布の出来上がりです!!

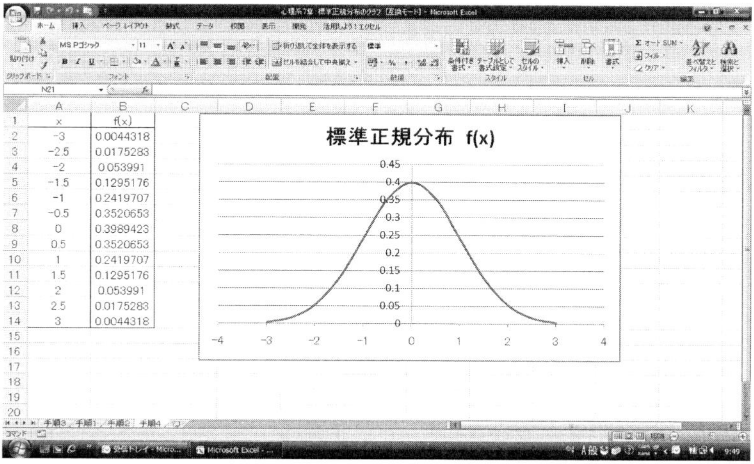

標準正規分布の確率の求め方

標準正規分布の確率を求めてみましょう.

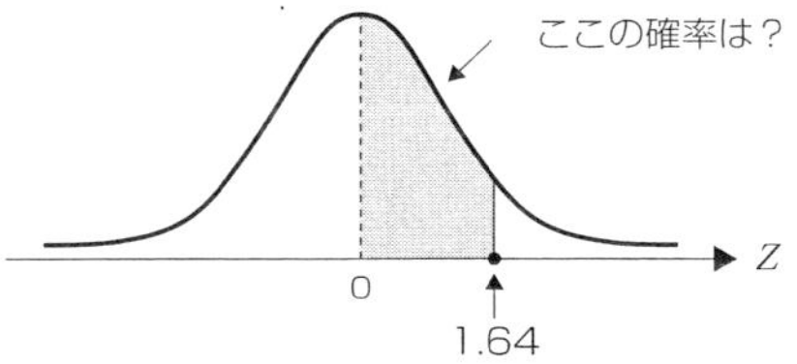

図 12.6.1　確率 $P(0 \leqq Z \leqq 1.64)$ の値

この確率は，次の数表から求めることができます.

表 12.6.1　標準正規分布の確率

Z	0.00	0.01	0.02	0.03	0.04	0.05	…
0.0	0.0000	0.0040	0.0080	0.0120	0.0160	0.0199	…
0.1	0.0398	0.0438	0.0478	0.0517	0.0557	0.0596	…
0.2	0.0793	0.0832	0.0871	0.0910	0.0948	0.0987	…
0.3	0.1179	0.1217	0.1255	0.1293	0.1331	0.1368	…
0.4	0.1554	0.1591	0.1628	0.1664	0.1700	0.1736	…
⋮	⋮	⋮	⋮	⋮	⋮	⋮	
1.5	0.43319	0.43448	0.43574	0.43699	0.43822	0.43943	…
1.6	0.44520	0.44630	0.44738	0.44845	0.44950	0.45053	…
1.7	0.45543	0.45637	0.45728	0.45818	0.45907	0.45994	…
⋮	⋮	⋮	⋮	⋮	⋮	⋮	

確率 $P(0 \leqq Z \leqq 1.64)$ の値を求めたいときは

$$1.64 = 1.6 + 0.04$$

のように分けて・・・・

“縦方向に 1.6，横方向に 0.04　の値”

0.44950

を読み取ります．したがって，

$$P(0 \leqq Z \leqq 1.64) = 0.44950$$

となります．

標準化

$$Z = \frac{x - \mu}{\sigma}$$

標準正規分布の確率 $P(a \leqq Z \leqq b)$ を求めたいときは，
次のようにいろいろと工夫をしてみましょう．

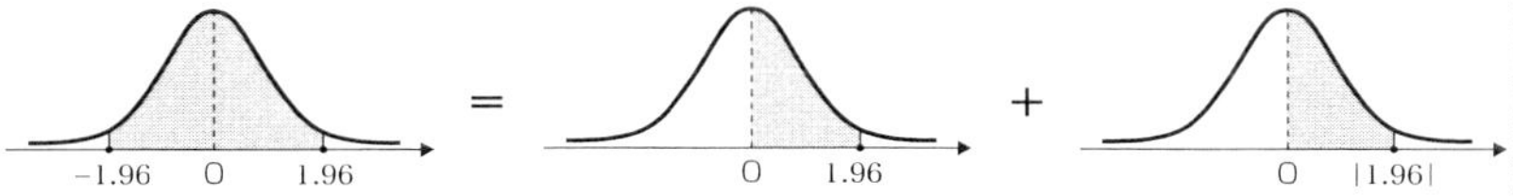

$$= 0.4750 + 0.4750$$
$$= 0.950$$

図 12.6.2　確率の求め方その 1

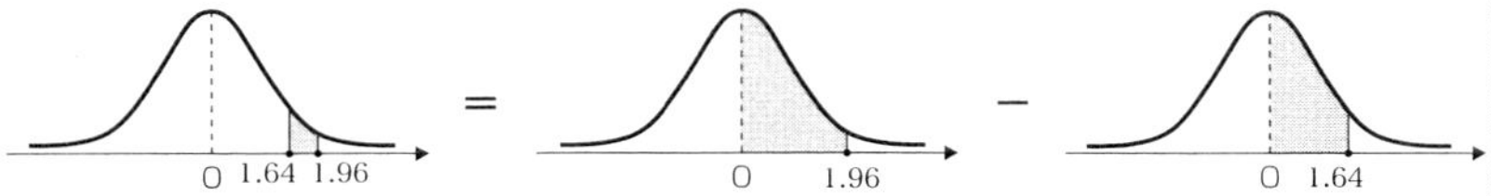

$$= 0.4750 - 0.4495$$
$$= 0.026$$

図 12.6.3　確率の求め方その 2

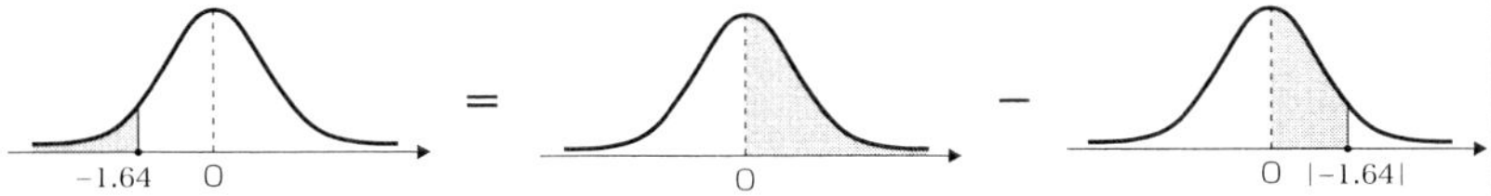

$$= 0.5 - 0.4495$$
$$= 0.0505$$

図 12.6.4　確率の求め方その 3

正規分布の標準化による確率の求め方

連続型確率分布の確率は

$$P(a \leqq X \leqq b) = \int_a^b f(x)\,dx$$

で与えられます．

したがって，正規分布 $N(\mu,\ \sigma^2)$ の確率は

$$P(a \leqq X \leqq b) = \int_a^b \frac{1}{\sigma\sqrt{2\pi}} \cdot e^{-\frac{1}{2}\left(\frac{x-\mu}{\sigma}\right)^2} dx$$

となりますが，この右辺の計算はとても大変です．

このようなときには，次の標準化を利用して，確率を求めます．

$$X=x \xrightarrow{\text{標準化}} \frac{x-\mu}{\sigma}$$

正規分布 $N(\mu,\ \sigma^2)$ の標準化は

$$P(a \leqq X \leqq b) = P\left(\frac{a-\mu}{\sigma} \leqq Z \leqq \frac{b-\mu}{\sigma}\right)$$

となります．

この右辺の確率は，標準正規分布の数表から求めることができます．

> 標準化
> $Z = \dfrac{X-\mu}{\sigma}$
> Z の平均 $= 0$
> Z の分散 $= 1^2$

Excel の関数

STANDARDIZE 関数　　正規化された値を返します

正規分布 N（35，9^2）の確率 $P(30 \leqq X \leqq 50)$ を標準正規分布の数表から求めてみましょう．

次のように，標準化をしてから，確率を求めます．

$$P(30 \leqq X \leqq 50) = P\left(\frac{30-35}{9} \leqq Z \leqq \frac{50-35}{9}\right)$$

$$= P(-0.56 \leqq Z \leqq 1.67)$$

=

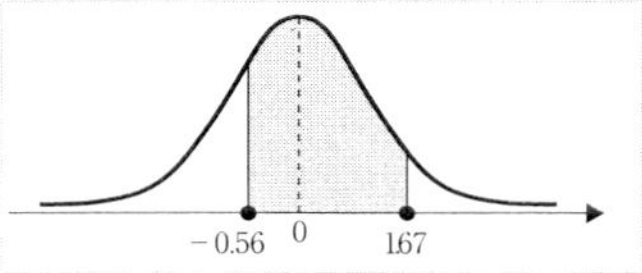

=

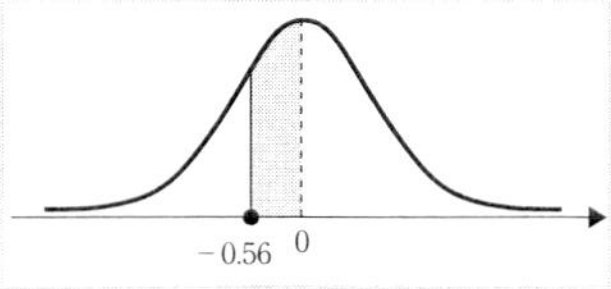

\+

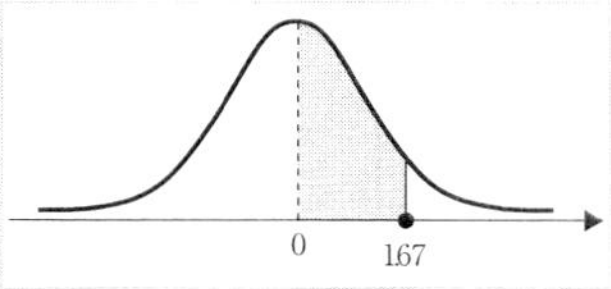

=

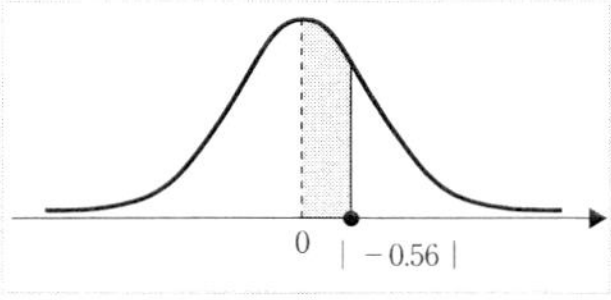

\+

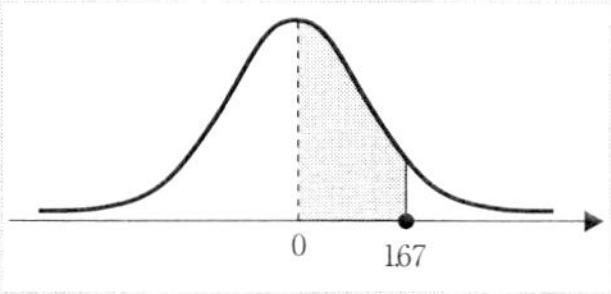

$= 0.2123 + 0.4525$

$= 0.6648$

正規分布は
平均を中心にして
左右対称です

12.7 自由度 n の t 分布

標準正規分布のグラフの形によく似た確率分布に

自由度 n の t 分布

があります.

$\Gamma\left(\frac{\square}{\square}\right)$ は
ガンマ関数
です

t 分布の定義

確率変数 X の確率密度関数 $f(x)$ が

$$f(x) = \frac{\Gamma\left(\frac{n+1}{2}\right)}{\sqrt{n\pi}\cdot\Gamma\left(\frac{n}{2}\right)\cdot\left(1+\frac{x^2}{n}\right)^{\frac{n+1}{2}}}$$

のとき，この連続型確率分布を**自由度 n の t 分布**という.

■ 自由度 n の t 分布のグラフ

自由度 n の値によって，t 分布のグラフは少し異なります.

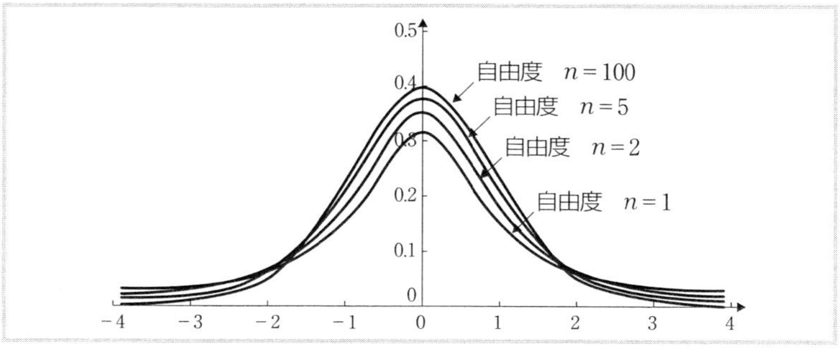

図 12.7.1 自由度 n の t 分布のグラフ

t 分布で大切な点は，そのグラフの形です.

■ 自由度 n の t 分布の数表の使い方

t 分布の自由度 n と右端の確率が与えられたとき,

t（自由度 m；確率）

は, 次のように求めることができます.

例えば, 自由度が 9 で, 右端の確率が 0.025 の場合

$t(9\,;\,0.025) =$ ［　？　］

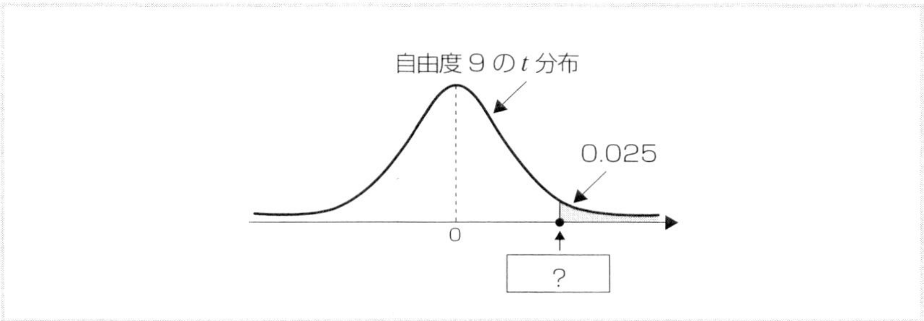

図 12.7.2

このとき, t分布の数表は, 次のようになっています.

表 12.7.3　t 分布の数表

自由度 ＼ 確率	0.050	0.025
6	1.943	2.447
7	1.895	2.365
8	1.860	2.306
9	1.833	2.262
10	1.812	2.228
11	1.796	2.201
12	1.782	2.179
⋮	⋮	⋮

したがって,

$t(9\,;\,0.025) = 2.262$

となります.

■ 自由度 n の t 分布の利用法

統計的推定や統計的検定のときに，t 分布を利用します．

t 分布を利用した統計的推定や統計的検定で重要なポイントは自由度 n と確率 0.05 によって決まる $t(n;0.025)$ の値です．

統計的推定の場合 ― 区間推定 ―

自由度 9 の t 分布

信頼係数 95%

$-t(9;0.025) = \boxed{-2.262}$

$t(9;0.025) = \boxed{2.262}$

図 12.7.3　信頼係数 95% の区間

統計的検定の場合 ― 仮説の検定 ―

自由度 9 の t 分布

有意水準 $\alpha = 0.05$

$\dfrac{\alpha}{2} = 0.025$

$\dfrac{\alpha}{2} = 0.025$

棄却域　$-t(9;0.025) = \boxed{-2.262}$

$t(9;0.025) = \boxed{2.262}$　棄却域

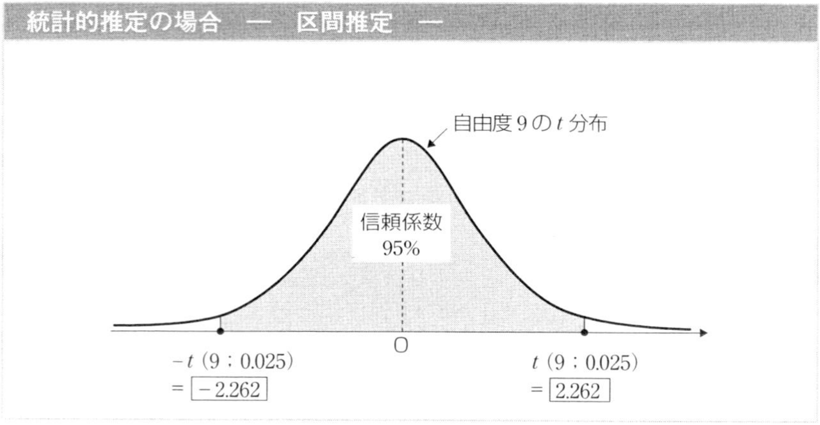

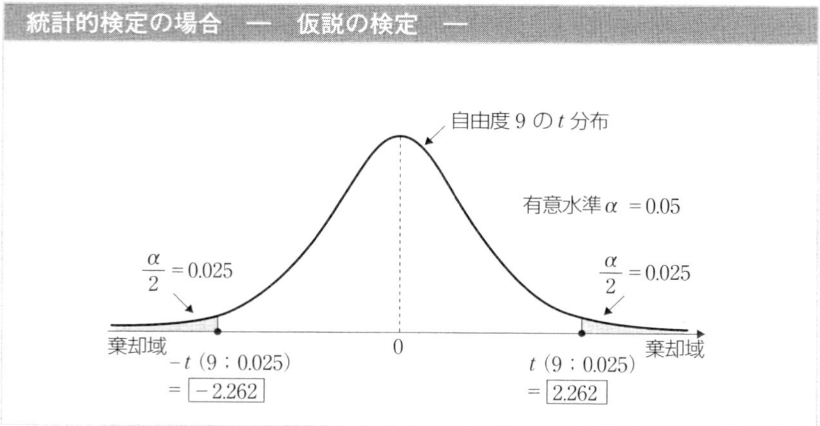

図 12.7.4　有意水準 0.05 の棄却域

研究テーマ

研究テーマ 12 の 1 — Excel 関数の使い方 —

Excel 関数 T.DIST.RT を利用して，
次の確率を求めてみましょう．

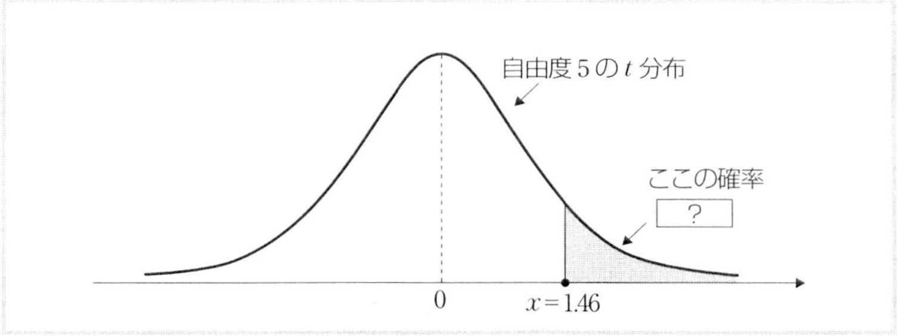

図 自由度が 5 の t 分布

Excel のセルに，次のように入力します．

= T.DIST.RT (1.46, 5)

Enter を押すと，

0.1021

のように 答が返ってきます．

この確率を**有意確率**といいます．

Excel の関数

T.DIST.2T 関数	スチューデントの t 分布のパーセンテージ（確率）を返します．
T.DIST.RT 関数	スチューデントの t 分布の値を返します．
T.INV 関数	スチューデントの t 分布の t 値を，確率と自由度の関数として返します．
T.INV.2T 関数	スチューデントの t 分布の逆関数値を返します．

13章　統計的推定

13.1 母平均の区間推定

研究ノート

地球環境問題に興味のあるユウジロウ君は，田舎の川の汚れが気になっています．

そこで，水質汚濁の指数である溶存酸素量を測定しました．

表 13.1.1　10カ所の溶存酸素量（mg/l）

No	溶存酸素量
1	7.4
2	5.9
3	6.4
4	7.8
5	8.3
6	6.1
7	8.2
8	7.5
9	6.8
10	7.3

この川の溶存酸素量はいくらと考えられるでしょうか？

このようなときには統計的推定という手法が用意されています．
統計的推定には，点推定と区間推定の2種類があります．
このデータの場合，

“母平均の区間推定”

をおこなってみましょう．

推定
= estimation

母平均の区間推定とは，研究対象からランダムに抽出した

大きさNの標本 $\{\ x_1 \quad x_2 \quad \cdots\cdots \quad x_N\ \}$

から

“研究対象の平均μを推定する”

ことです.

このとき，

研究対象のことを**母集団**

研究対象の平均のことを**母平均**

といいます.

母平均の区間推定をおこなう場合

“母集団の分布は正規分布に従っている”

という前提をおきます.

正規母集団といいます

したがって，この統計的推定は次のようになります.

統計的推定の流れ　—母平均の場合—

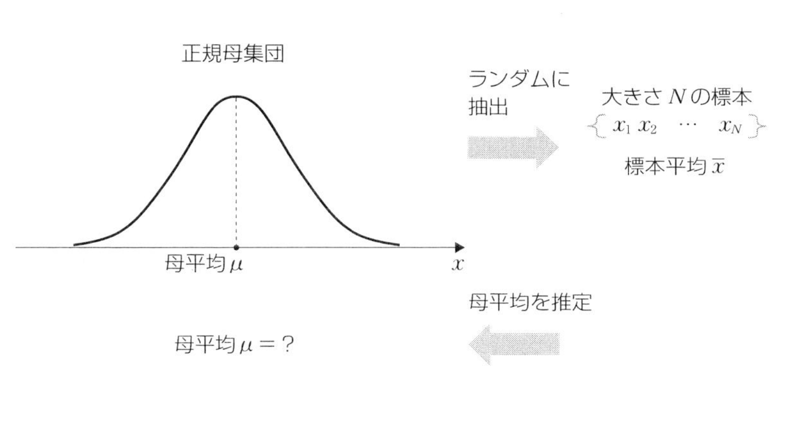

母平均の区間推定のしくみ　―　データ数が大きいとき　―

データ数が大きいときは，次の公式を利用します．

母平均の区間推定の公式（信頼係数 95% の場合）

正規母集団から大きさ N の標本 $\{x_1 \quad x_2 \quad \cdots\cdots \quad x_N\}$ を
ランダムに抽出したとき
母平均 μ の信頼係数 95%　信頼区間は

$$\underbrace{\overline{x} - 1.96 \cdot \sqrt{\frac{s^2}{N}}}_{\text{下側信頼限界}} \leqq \mu \leqq \underbrace{\overline{x} + 1.96 \cdot \sqrt{\frac{s^2}{N}}}_{\text{上側信頼限界}}$$

となります．

ただし，$\overline{x}$ ＝標本平均　　s^2 ＝標本分散

N が十分大きいとき
この公式を使います

この公式は，次の定理から導くことができます．

定理

N 個のデータ $\{x_1 \quad x_2 \quad \cdots \quad x_N\}$ が正規母集団 $N(\mu\,;\,\sigma^2)$ から
ランダムに取り出されたとき

$$\frac{\overline{x} - \mu}{\sqrt{\dfrac{\sigma^2}{N}}}$$ の分布は標準正規分布 $N(0\,;\,1^2)$

になります．

ただし，$\overline{x}$ ＝標本平均

この定理を用いて
母平均の区間推定の
公式を導きます

このとき，標準正規分布の確率 95%の区間は，次のようになります．

p.143
を参照

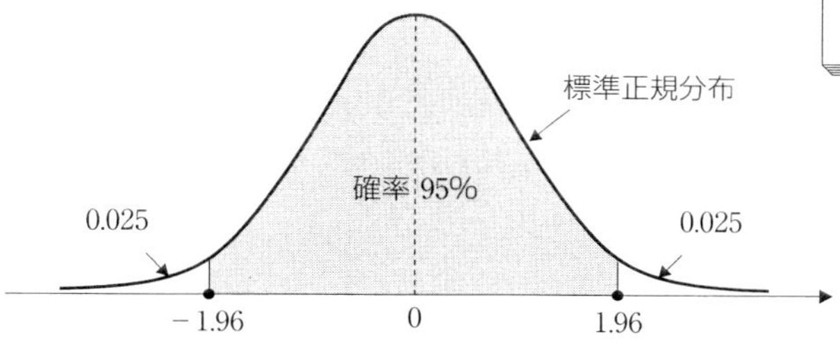

図 13.1.2　確率 95%の標準正規分布の区間

したがって，確率 95%の区間から

$$-1.96 \leqq \frac{\overline{x}-\mu}{\sqrt{\frac{\sigma^2}{N}}} \leqq 1.96$$

となります．

この式を変形して……

$$-1.96 \cdot \sqrt{\frac{\sigma^2}{N}} \leqq \overline{x}-\mu \leqq 1.96 \cdot \sqrt{\frac{\sigma^2}{N}}$$

$$\overline{x}-1.96 \cdot \sqrt{\frac{\sigma^2}{N}} \leqq \mu \leqq \overline{x}+1.96 \cdot \sqrt{\frac{\sigma^2}{N}}$$

ここで，Nが十分大きければ，σ^2の代わりにs^2を代入して

$$\underbrace{\overline{x}-1.96 \cdot \sqrt{\frac{s^2}{N}}}_{\text{下側信頼限界}} \leqq \mu \leqq \underbrace{\overline{x}+1.96 \cdot \sqrt{\frac{s^2}{N}}}_{\text{上側信頼限界}}$$

となります．

信頼係数 90%のときは 1.64 を使います
信頼係数 99%のときは 2.58 を使います

■ 母平均の区間推定のしくみ — データ数が小さいとき —

データ数 N が小さいときは，次の公式を利用します．

母平均の区間推定の公式（信頼係数 95%の場合）

正規母集団から大きさ N の標本 $\{x_1 \quad x_2 \quad \cdots \quad x_N\}$ を
ランダムに取り出したとき
母平均 μ の 95% 信頼区間は

$$\underbrace{\bar{x}-t(N-1\,;\,0.025)\cdot\sqrt{\frac{s^2}{N}}}_{\text{下側信頼限界}} \leqq \mu \leqq \underbrace{\bar{x}+t(N-1\,;\,0.025)\cdot\sqrt{\frac{s^2}{N}}}_{\text{上側信頼限界}}$$

となります．

ただし，　$\bar{x}$ ＝標本平均，s^2 ＝標本分散，N ＝データ数
$t(N-1\,;\,0.025)$ ＝自由度 $N-1$ の t 分布の 2.5%点

N が小さいとき
この公式を使います

この公式は，次の定理から導くことができます．

定理

N 個のデータ $\{x_1 \quad x_2 \quad \cdots \quad x_N\}$ が正規母集団 $N(\mu,\ \sigma^2)$ から
ランダムに取り出されたとき

$$\frac{\bar{x}-\mu}{\sqrt{\dfrac{s^2}{N}}} \text{ の分布は自由度 } N-1 \text{ の } t \text{ 分布}$$

になります．

ただし，$\bar{x}$ ＝標本平均，s^2 ＝標本分散

この定理を用いて
母平均の区間推定の
公式を導きます

確率 95% の t 分布の区間は，次のようになります．

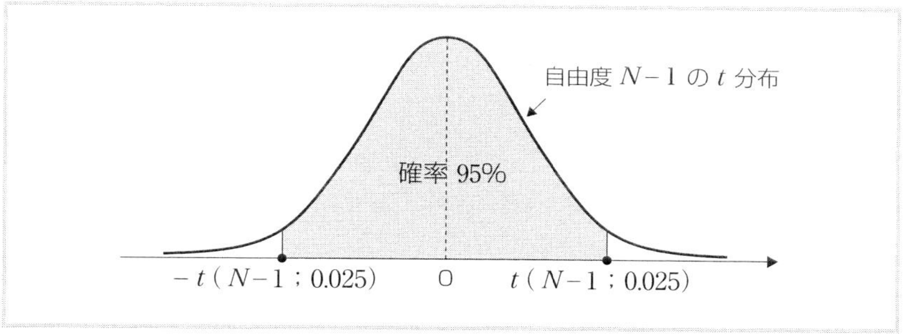

図 13.1.3　確率 95% の t 分布の区間

したがって，確率 95% の区間から

$$-t(N-1\,;\,0.025) \leqq \frac{\bar{x}-\mu}{\sqrt{\dfrac{s^2}{N}}} \leqq t(N-1\,;\,0.025)$$

となります．

この不等式を変形すると……

$$-t(N-1\,;\,0.025)\cdot\sqrt{\frac{s^2}{N}} \leqq \bar{x}-\mu \leqq t(N-1\,;\,0.025)\cdot\sqrt{\frac{s^2}{N}}$$

$$\underbrace{\bar{x}-t(N-1\,;\,0.025)\cdot\sqrt{\frac{s^2}{N}}}_{\text{下側信頼限界}} \leqq \mu \leqq \underbrace{\bar{x}+t(N-1\,;\,0.025)\cdot\sqrt{\frac{s^2}{N}}}_{\text{上側信頼限界}}$$

となります．

$t(29\,;\,0.025) = 2.045$
$t(30\,;\,0.025) = 2.042$
$t(\infty\,;\,0.025) = 1.960$

■ 公式 — 母平均の区間推定 Nが大きいとき —

① 次のような表を用意します.

> $N \geqq 30$ のときは
> この公式を
> 使います

表 13.1.2 データの型と統計量

No	データ x	x^2
1	x_1	${x_1}^2$
2	x_2	${x_2}^2$
⋮	⋮	⋮
N	x_N	${x_N}^2$
合計	$\sum_{i=1}^{N} x_i$	$\sum_{i=1}^{N} {x_i}^2$

② 表 13.1.2 の合計を使って，母平均の信頼区間を求めます.

$$\text{標本平均}\ \bar{x} = \frac{\sum_{i=1}^{N} x_i}{N}$$

$$\text{標本分散}\ s^2 = \frac{N \cdot \left(\sum_{i=1}^{N} {x_i}^2\right) - \left(\sum_{i=1}^{N} x_i\right)^2}{N \cdot (N-1)}$$

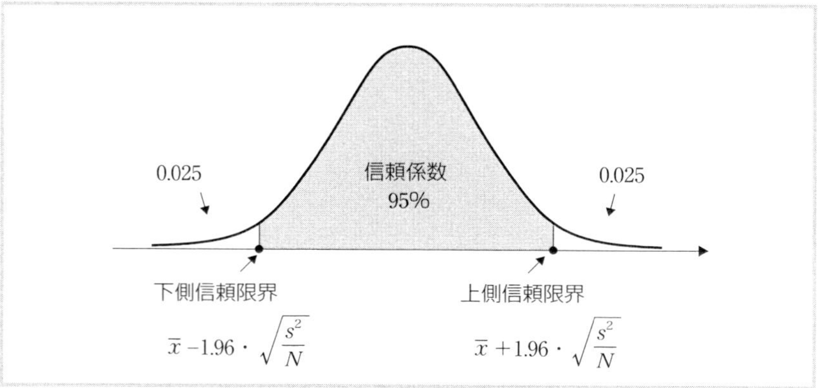

図 13.1.4 母平均の区間指定

■ 例題 ― 母平均の区間推定 Nが大きいとき ―

① 次の表を用意します．

表 13.1.3 データの 2 乗と合計

No	x	x^2
1	7.4	54.76
2	5.9	34.81
3	6.4	40.96
4	7.8	60.84
5	8.3	68.89
6	6.1	37.21
7	8.2	67.24
8	7.5	56.25
9	6.8	46.24
10	7.3	53.29
合計	71.7	520.49

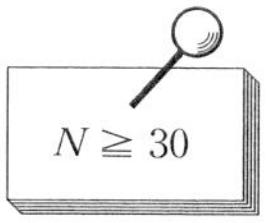

② 表 13.1.3 の合計を使って，母平均の信頼区間を求めます．

$$標本平均\ \overline{x} = \frac{71.7}{10} = 7.17$$

$$標本分散\ s^2 = \frac{10 \times 520.49 - (71.7)^2}{10 \times (10-1)} = 0.7112$$

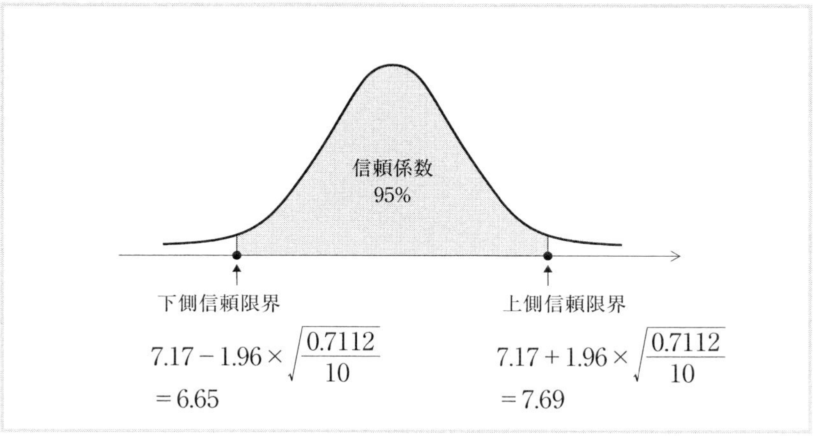

図 13.1.5 母平均の区間推定

■ 公式 — 母平均の区間推定 Nが小さいとき —

① 次のような表を用意します.

> $N < 30$ のときは
> この公式を
> 使います

表 13.1.4 データの型と統計量

No	データ x	x^2
1	x_1	${x_1}^2$
2	x_2	${x_2}^2$
⋮	⋮	⋮
N	x_N	${x_N}^2$
合計	$\sum_{i=1}^{N} x_i$	$\sum_{i=1}^{N} {x_i}^2$

① 表 13.1.4 の合計を使って, 母平均の信頼区間を求めます.

$$\text{標本平均}\ \bar{x} = \frac{\sum_{i=1}^{N} x_i}{N}$$

$$\text{標本分散}\ s^2 = \frac{N \cdot \left(\sum_{i=1}^{N} {x_i}^2\right) - \left(\sum_{i=1}^{N} x_i\right)^2}{N \cdot (N-1)}$$

$$t\text{分布の値}\ t\,(N-1\,;\,0.025) = \boxed{t\text{分布の数表}}$$

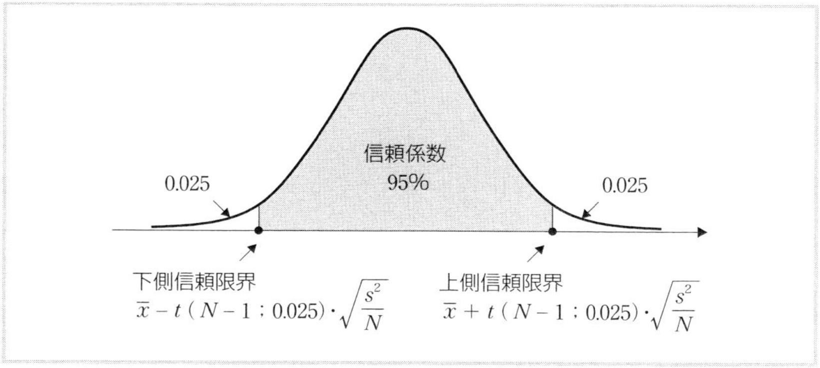

図 13.1.6 母平均の区間推定

■ 例題 ― 母平均の区間推定 Nが小さいとき ―

① 次の表を用意します.

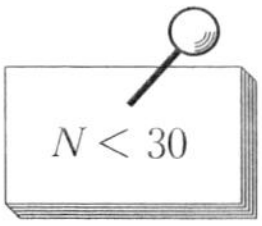

表 13.1.5 データの 2 乗と合計

No	x	x^2
1	7.4	54.76
2	5.9	34.81
3	6.4	40.96
4	7.8	60.84
5	8.3	68.89
6	6.1	37.21
7	8.2	67.24
8	7.5	56.25
9	6.8	46.24
10	7.3	53.29
合計	71.7	520.49

② 表 13.1.5 の合計を使って, 母平均の信頼区間を求めます.

$$\text{標本平均 } \bar{x} = \frac{71.7}{10} = 7.17$$

$$\text{標本分散 } s^2 = \frac{10 \times 520.49 - (71.7)^2}{10 \times (10-1)} = 0.7112$$

$$t \text{ 分布の値} \quad t\,(10-1\,;\,0.025) = 2.262$$

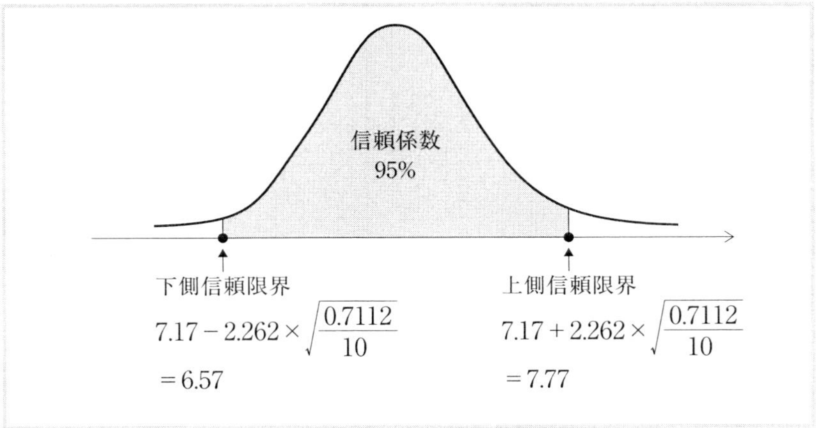

図 13.1.7 母平均の区間推定

13.2 母比率の区間推定

母比率の区間推定とは，研究対象からランダムに抽出した

大きさ N の標本 $\{\ x_1 \quad x_2 \quad \cdots\cdots \quad x_N\ \}$

から

“研究対象の比率 p を推定する”

ことです．

> 率 = rate
> 比 = ratio
> 比率 = proportion

このとき

研究対象のことを**母集団**

研究対象の比率のことを**母比率**

といいます．

母比率の区間推定の場合

“母集団の分布は 2 項分布に従っている”

と仮定します．

したがって，この統計的推定は次のようになります．

統計的推定の流れ ― 母比率の場合 ―

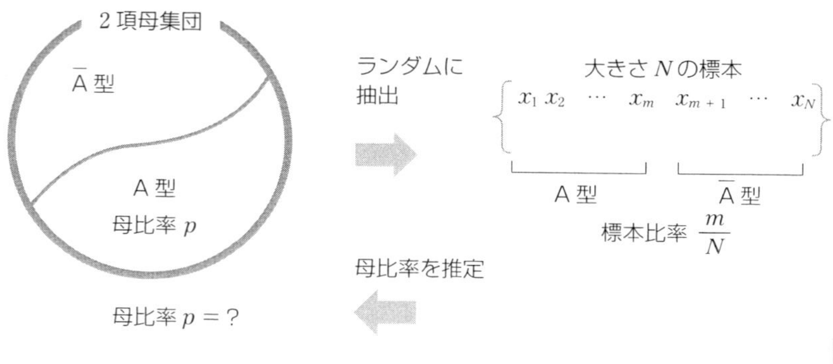

母比率の区間推定のしくみ

母比率の区間推定の公式（信頼係数 95%の場合）

2 項母集団から標本 $\{x_1 \quad x_2 \quad \cdots \quad x_N\}$ を
ランダムに取り出したとき
カテゴリ A に属するデータの個数が m であれば，
母比率 p の 95%信頼区間は，

$$\underbrace{\frac{m}{N} - 1.96 \cdot \sqrt{\frac{\frac{m}{N}\cdot\left(1-\frac{m}{N}\right)}{N}}}_{\text{下側信頼限界}} \leqq p \leqq \underbrace{\frac{m}{N} + 1.96 \cdot \sqrt{\frac{\frac{m}{N}\cdot\left(1-\frac{m}{N}\right)}{N}}}_{\text{上側信頼限界}}$$

となります．

p.139 の定理を参照してください

2 項分布 $B\ (N,\ P)$ は，N が大きいとき
正規分布 $N\ (N\cdot p,\ N\cdot p\cdot(1-p))$
で近似することができます．

よって，

$$\text{“標本比率 } \frac{m}{N} \text{ は正規分布 } N\left(p,\ \frac{p\cdot(1-p)}{N}\right) \text{ で近似できる”}$$

と考えられるので，標準化をすると

$$\text{“} \frac{\frac{m}{N}-p}{\sqrt{\frac{p\cdot(1-p)}{N}}} \text{ の分布は標準正規分布 } N(0,\ 1^2) \text{ で近似できる”}$$

ことがわかります．

標準正規分布の確率 95%の区間は

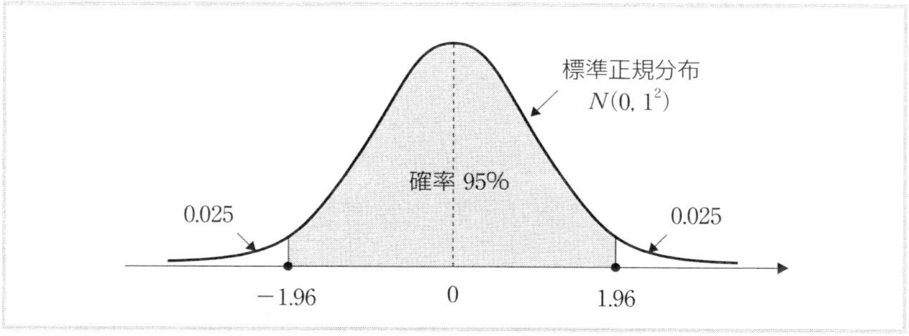

図 13.2.1　確率 95%の標準正規分布の区間

となるので，次の不等式がえられます．

$$-1.96 \leqq \frac{\dfrac{m}{N}-p}{\sqrt{\dfrac{p\cdot(1-p)}{N}}} \leqq 1.96$$

この不等式を変形すると…

$$-1.96\cdot\sqrt{\frac{p\cdot(1-p)}{N}} \leqq \frac{m}{N}-p \leqq 1.96\cdot\sqrt{\frac{p\cdot(1-p)}{N}}$$

$$\frac{m}{N}-1.96\cdot\sqrt{\frac{p\cdot(1-p)}{N}} \leqq p \leqq \frac{m}{N}+1.96\cdot\sqrt{\frac{p\cdot(1-p)}{N}}$$

ここで，平方根の中の p を $\dfrac{m}{N}$ で置き換えると

$$\underbrace{\frac{m}{N}-1.96\cdot\sqrt{\frac{\dfrac{m}{N}\cdot\left(1-\dfrac{m}{N}\right)}{N}}}_{\text{下側信頼限界}} \leqq p \leqq \underbrace{\frac{m}{N}+1.96\cdot\sqrt{\frac{\dfrac{m}{N}\cdot\left(1-\dfrac{m}{N}\right)}{N}}}_{\text{上側信頼限界}}$$

となります．

2項分布の正規分布による近似

2項分布

$$P(X=x) = \binom{n}{x} \cdot p^x \cdot (1-p)^{n-x}$$

において，$n = 10$，$p = 0.5$ の2項分布のグラフは，
次のようになります．

表 13.2.1　2項分布の確率

$X=x$	$P(X=x)$
0	0.001
1	0.010
2	0.044
3	0.117
4	0.205
5	0.246
6	0.205
7	0.117
8	0.044
9	0.010
10	0.001

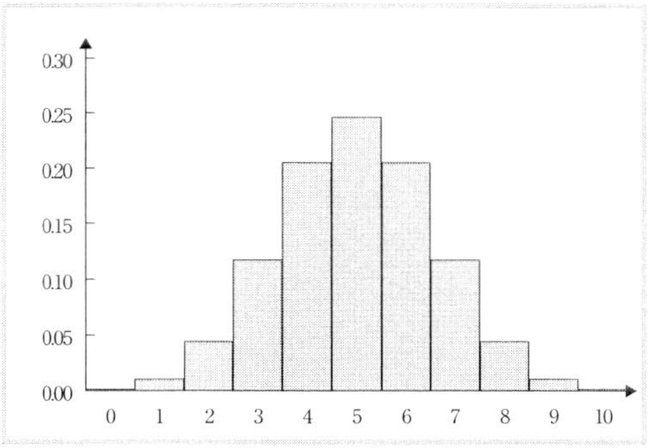

図 13.2.2　2項分布のグラフ

この図のように，p の値が0.5の場合には，
n の値が10程度でも2項分布は左右対称になるので，
その形は正規分布によく似ています．

■　公式　―　母比率の区間推定　―

①　次の表を用意します．

表 13.2.2　データの型

	カテゴリ A	カテゴリ $\bar{A}$	合計
データの個数	m	$N-m$	N

②　表 13.2.2 を使って，母比率の信頼区間を求めます．

$$\text{標本比率} = \frac{m}{N}$$

$$\text{下側信頼限界} = \frac{m}{N} - 1.96 \cdot \sqrt{\frac{\frac{m}{N} \cdot \left(1 - \frac{m}{N}\right)}{N}}$$

$$\text{上側信頼限界} = \frac{m}{N} + 1.96 \cdot \sqrt{\frac{\frac{m}{N} \cdot \left(1 - \frac{m}{N}\right)}{N}}$$

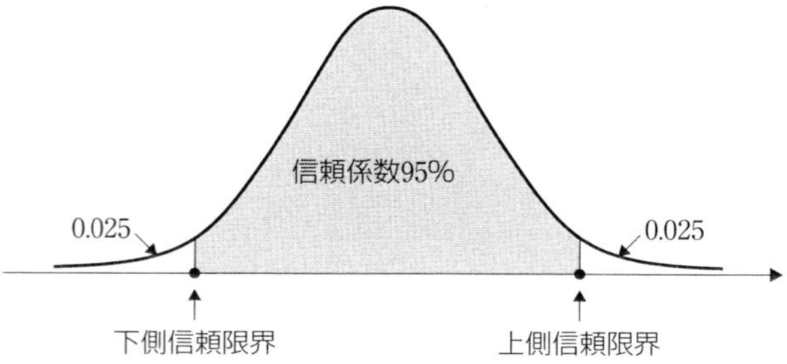

$$\frac{m}{N} - 1.96 \cdot \sqrt{\frac{\frac{m}{N} \cdot \left(1 - \frac{m}{N}\right)}{N}} \qquad \frac{m}{N} + 1.96 \cdot \sqrt{\frac{\frac{m}{N} \cdot \left(1 - \frac{m}{N}\right)}{N}}$$

図 13.2.3　母比率の区間推定

■ 例題 ― 母比率の区間推定 ―

① 次の表を用意します.

表 13.2.3

	1 の目が出る	その他の目が出る	合計
データの個数	8	42	50

② 表 13.2.3 を使って，母比率の信頼区間を求めます.

$$\text{標本比率} = \frac{8}{50} = 0.160$$

$$\text{下側信頼限界} = \frac{8}{50} - 1.96 \times \sqrt{\frac{\frac{8}{50} \times \left(1 - \frac{8}{50}\right)}{50}}$$

$$= 0.058$$

$$\text{上側信頼限界} = \frac{8}{50} + 1.96 \times \sqrt{\frac{\frac{8}{50} \times \left(1 - \frac{8}{50}\right)}{50}}$$

$$= 0.262$$

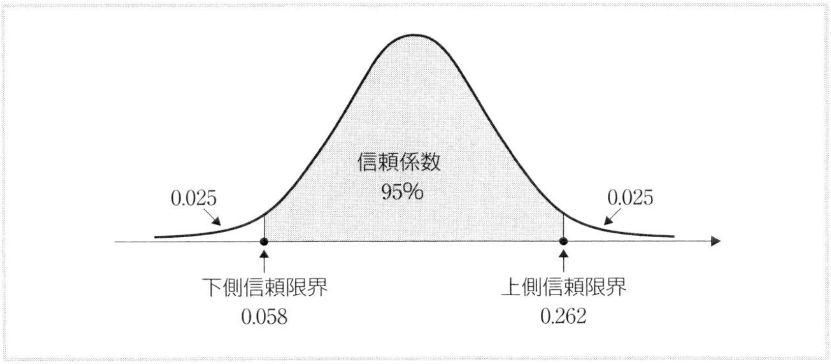

図 13.2.4 母比率の区間推定

研究テーマ

研究テーマ 13の1

表 6.1.1 の女子中学生 10 人のデータから，
携帯電話の平均使用時間を区間推定しましょう．

> 10 人をランダムに
> 選ぶことが
> 大切です

研究テーマ 13の2

表 6.1.1 の男子中学生 10 人のデータから，
携帯電話の平均使用時間を区間推定しましょう．

> 10 人を無作為抽出
> することが
> 大切です

研究テーマ 13の3

近くの池には外来種のブラックバスが生息しています．

池の魚を 20 匹つかまえたところ，その中にブラックバスが 3 匹はいっていました．

この池のブラックバスの生息比率は？

> 池を
> よくかきまぜて
> 20 匹つかまえます

> ムリ
> ムリ
> そんなこと……

第4部

第4部では　次のようなことを学びます

14章　統計的検定
—— 仮説の検定 ——

15章　時系列データ
—— 移動平均・指数平滑化 ——

第4部は
　さらに進んだ統計学
について学びます.

統計的検定は
高度な統計手法なので
ここでは，検定の手順について
解説しています.

14章　統計的検定

14.1 仮説の検定

研究ノート

　ユウジロウ君はダーウィンの本を読み，とうもろこしの他家受粉と自家受粉の実験に興味をもちました．

　そこで，ユウジロウ君は　自分の家の庭で　キュウリの他家受粉と自家受粉の実験をおこないました．

表 14.1.1　受粉とキュウリの長さ

他家受粉

No	キュウリの長さ
1	28.2
2	33.1
3	31.5
4	27.8
5	29.6
6	25.4
7	23.9
8	23.5
9	30.3
10	32.4

自家受粉

No	キュウリの長さ
1	22.3
2	18.5
3	21.4
4	25.6
5	29.7
6	15.8
7	24.2
8	27.5
9	32.1
10	23.4

●他家受粉と自家受粉とではキュウリの長さに差があるのでしょうか？

　このようなときには，

“2つの母平均の差の検定”

という**仮説の検定**があります．

検定
= test

仮説の検定とは,

　　　"研究対象に対して立てた仮説が棄却されるかどうか？"
を調べる統計処理のことです.

2つの母平均の差の検定の場合,

　　　"2つの研究対象は,それぞれ正規分布に従っている"
という前提をおきます.

したがって,この統計的検定は次のようになります.

統計的検定の流れ―2つの母平均の差の検定―

正規母集団 1

ランダムに抽出　　大きさ N_1 の標本
　　　　　　　　$\{x_{11} \quad x_{12} \quad \cdots \quad x_{1N_1}\}$

　　　　　　　　標本平均 $\bar{x}_1$

母平均 μ_1

正規母集団 2

ランダムに抽出　　大きさ N_2 の標本
　　　　　　　　$\{x_{21} \quad x_{22} \quad \cdots \quad x_{2N_2}\}$

　　　　　　　　標本平均 $\bar{x}_2$

母平均 μ_2

仮説を検定

仮説 $H_0 : \mu_1 = \mu_2$

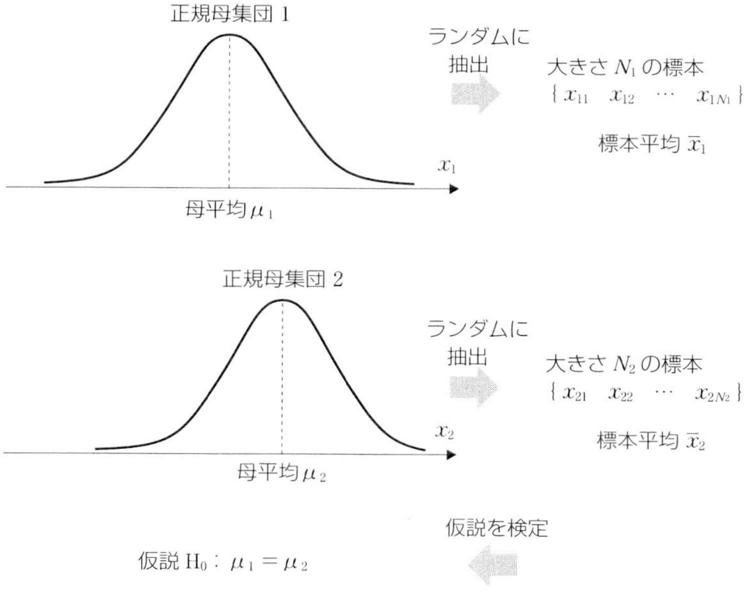

この仮説 H_0 が棄却されると,

　　　"2つの母平均 μ_1, μ_2 は異なる"
という結論が導かれます.

> 棄却されないときは
> p.173を見てください

14.2 仮説の検定のしくみ

検定のための 3 つの手順

① 母集団に対して，**仮説** H_0 をたてます．

仮説
= hypothesis

対立仮説
= alternative hypothesis

② 標本から**検定統計量** T を計算します．

③ 検定統計量 T が**棄却域**に入ると，仮説 H_0 を棄却します．

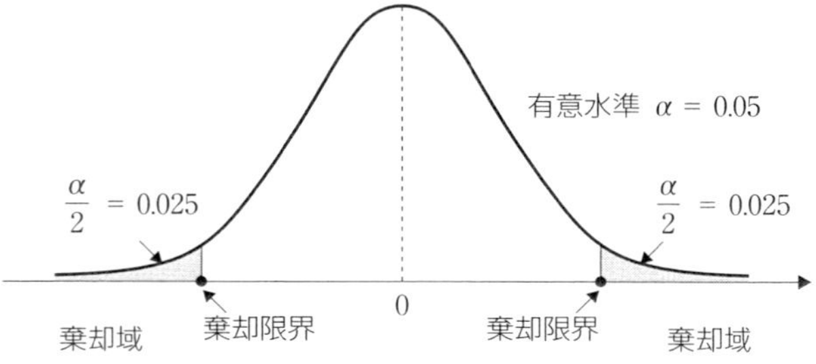

図 14.2.1　有意水準と棄却域

いろいろな統計的検定

統計的検定は，次のようにいろいろな手法があります．

- 母平均の検定
- 母分散の検定
- 母比率の検定
- 母相関係数の検定
- 無相関の検定
- 母回帰係数の検定
- ２つの母分散の差の検定
- ２つの母比率の差の検定
- ２つの母相関係数の差の検定
- ２つの母回帰係数の差の検定
- 対応のある２つの母平均の差の検定
- １元配置の分散分析
- ２元配置の分散分析
- 反復測定による分散分析
- 独立性の検定
- 適合度検定
- 正規性の検定
- 外れ値の検定

いろいろな検定の手法
がありますが
“検定のための３つの手順”
はすべての検定において
共通です

検定には
ノンパラメトリック検定
という手法もあります

distribution-free
ともいいます

統計的検定
の詳しい解説は
参考文献にゆずります

14.3 2つの母平均の差の検定

2つの母平均の差の検定の手順

① 始めに，仮説と対立仮説をたてます．
　　仮説　　　H_0：グループ1とグループ2の母平均は等しい
　　対立仮説　H_1：グループ1とグループ2の母平均は異なる

> 仮説　　　H_0：$\mu_1 = \mu_2$
> 対立仮説　H_1：$\mu_1 = \mu_2$

② 次に，検定統計量を計算します．

正規母集団1
母平均 μ_1
グループ1

ランダムに抽出 ⇒ 大きさ N_1 の標本
$\{ x_{11} \quad x_{12} \quad \cdots \quad x_{1N1} \}$
標本平均　$\bar{x}_1$
標本分散　s_1^2

正規母集団2
母平均 μ_2
グループ2

ランダムに抽出 ⇒ 大きさ N_2 の標本
$\{ x_{21} \quad x_{22} \quad \cdots \quad x_{2N2} \}$
標本平均　$\bar{x}_2$
標本分散　s_2^2

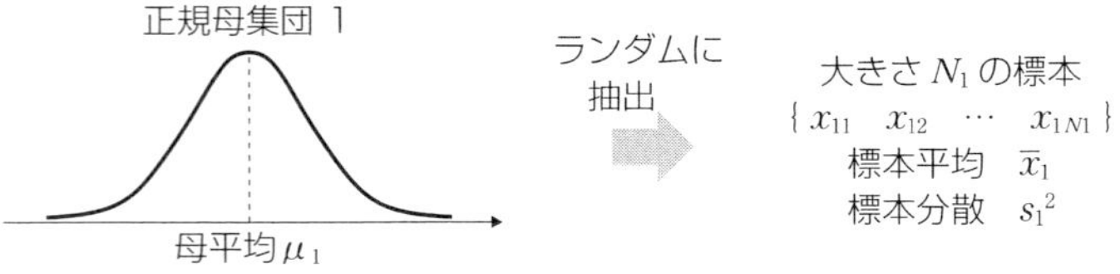

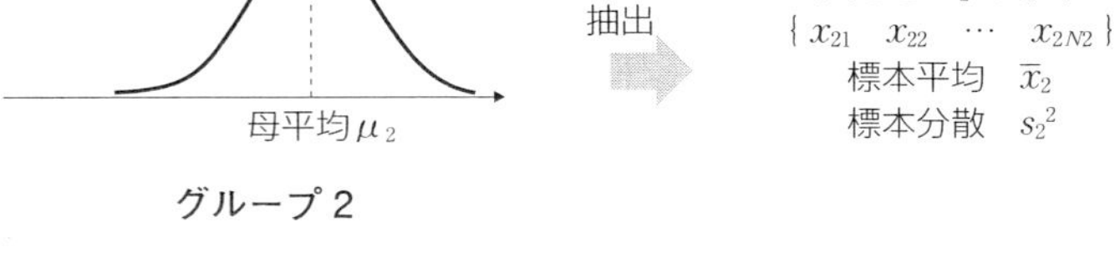

このとき，検定統計量 T は，次のようになります．

$$T = \frac{\bar{x}_1 - \bar{x}_2}{\sqrt{\left(\frac{1}{N_1} + \frac{1}{N_2}\right) \cdot s^2}}$$

ただし，
$$s^2 = \frac{(N_1 - 1) \cdot s_1^2 + (N_2 - 1) \cdot s_2^2}{N_1 + N_2 - 2}$$

$t(N_1 + N_2 - 2\,;\,0.025)$
を**棄却限界**といいます．

③　最後に，検定統計量 T が次の棄却域に入ったら，
仮説 H_0 を棄却し，対立仮説 H_1 を採択します．

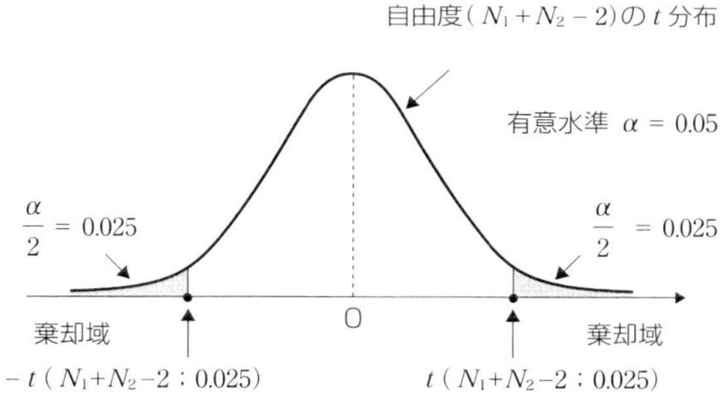

図 14.3.1　有意水準と棄却域と棄却限界

仮説 H_0 が棄却されないときは
“母平均 μ_1 と母平均 μ_2 は異なるとはいえない”
という表現をします！

■ 公式 ― 2つの母平均の差の検定 ―

① 仮説と対立仮説をたてます．

仮説　　H_0：母平均 μ_1 と母平均 μ_2 は等しい

対立仮説 H_1：母平均 μ_1 と母平均 μ_2 は異なる

② 検定統計量を計算します．

表 14.3.1　データの型

No	データ x_1	x_1 の２乗
1	x_{11}	x_{11}^2
2	x_{12}	x_{12}^2
⋮	⋮	⋮
N_1	x_{1N_1}	$x_{1N_1}^2$
合計	$\sum_{i=1}^{N_1} x_{1i}$	$\sum_{i=1}^{N_1} x_{1i}^2$

表 14.3.2　データの型

No	データ x_2	x_2 の２乗
1	x_{21}	x_{21}^2
2	x_{22}	x_{22}^2
⋮	⋮	⋮
N_2	x_{2N_2}	$x_{2N_2}^2$
合計	$\sum_{j=1}^{N_2} x_{2j}$	$\sum_{j=1}^{N_2} x_{2j}^2$

標本平均 $\overline{x_1} = \dfrac{\sum_{i=1}^{N_1} x_{1i}}{N_1}$　　標本平均 $\overline{x_2} = \dfrac{\sum_{j=1}^{N_2} x_{2j}}{N_2}$

標本分散 $s_1^2 = \dfrac{N_1 \cdot \left(\sum_{i=1}^{N_1} x_{1i}^2 \right) - \left(\sum_{i=1}^{N_1} x_{1i} \right)^2}{N_1 \cdot (N_1 - 1)}$　　標本分散 $s_2^2 = \dfrac{N_2 \cdot \left(\sum_{j=1}^{N_2} x_{2j}^2 \right) - \left(\sum_{j=1}^{N_2} x_{2j} \right)^2}{N_2 \cdot (N_2 - 1)}$

共通の分散 $s^2 = \dfrac{(N_1 - 1) \cdot s_1^2 + (N_2 - 1) \cdot s_2^2}{N_1 + N_2 - 2}$

検定統計量 $T = \dfrac{\overline{x_1} - \overline{x_2}}{\sqrt{\left(\dfrac{1}{N_1} + \dfrac{1}{N_2} \right) \cdot s^2}}$

③ 検定統計量の絶対値と棄却限界の大小を比較します．

検定統計量の絶対値 $|T| \geq$ 棄却限界 $t(N_1 + N_2 - 2\,;\,0.025)$

のとき，仮説 H_0 を棄却し，対立仮説 H_1 を採択します．

■ 例題 — 2つの母平均の差の検定 —

① 仮説　　H_0：　他家受粉と自家受粉のキュウリの母平均は等しい
　対立仮説 H_1：　他家受粉と自家受粉のキュウリの母平均は異なる

②

表 14.3.4

No	x	x_1 の2乗
1	28.2	795.24
2	33.1	1095.61
3	31.5	992.25
4	27.8	772.84
5	29.6	876.16
6	25.4	645.16
7	23.9	571.21
8	23.5	552.25
9	30.3	918.09
10	32.4	1049.76
合計	285.7	8268.57

No	x	x_2 の2乗
1	22.3	497.29
2	18.5	342.25
3	21.4	457.96
4	25.6	655.36
5	29.7	882.09
6	15.8	249.64
7	24.2	585.64
8	27.5	756.25
9	32.1	1030.41
10	23.4	547.56
合計	240.5	6004.45

標本平均 $\bar{x}_1 = \dfrac{285.7}{10} = 28.57$

標本平均 $\bar{x}_2 = \dfrac{240.5}{10} = 24.05$

標本分散 $s_1{}^2 = \dfrac{10 \times 8268.57 - 285.7^2}{10 \times (10-1)}$

$= 11.7912$

標本分散 $s_2{}^2 = \dfrac{10 \times 6004.45 - 240.5^2}{10 \times (10-1)}$

$= 21.4917$

共通の分散 $s^2 = \dfrac{(10-1) \times 11.7912 + (10-1) \times 24.4917}{10+10-2} = 18.1415$

検定統計量 $T = \dfrac{28.57 - 24.05}{\sqrt{\left(\dfrac{1}{10} + \dfrac{1}{10}\right) \times 18.1414}} = 2.373$

③ 検定統計量の絶対値｜2.373｜≧棄却限界 2.101　なので
　仮説 H_0 は棄却されます．したがって，他家受粉と自家受粉の
　キュウリの長さは異なることがわかります．

研究テーマ

研究テーマ 14 の 1 —統計解析用ソフトの使用—

統計解析用ソフトを使った統計的検定では，
次の図のような検定統計量の外側の確率

有意確率

を出力します．

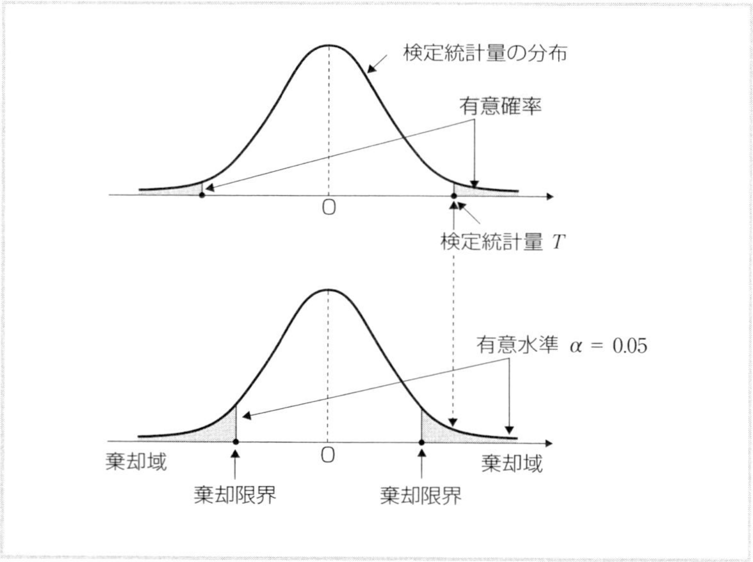

図　有意確率と有意水準

したがって，

検定統計量が棄却域に入る

ということと，

有意確率　≦　有意水準

ということは同じ意味になります．

研究テーマ 14の2 —SPSSによる統計処理—

SPSSは，学術論文でよく使われている統計解析用ソフトです．

SPSSによる2つの母平均の差の検定の出力は
次のようになります．

t 検定

グループ統計量

グループ		N	平均値	標準偏差	平均値の標準誤差
長さ	1.00	10	28.5700	3.43383	1.08587
	2.00	10	24.0500	4.9491	1.56498

独立サンプルの検定

		等分散性のための Levene の検定		2つの母平均の差の検定		
		F値	有意確率	t値	自由度	有意確率（両側）
長さ	等分散を仮定する	.787	.387	2.373	18	.029
	等分散を仮定しない			2.373	16.035	.030

この出力の読み取り方は，次のようになります．

等分散性の検定

有意確率 0.387 ＞ 有意水準 0.05

なので，仮説は棄却されません．

したがって，等分散を仮定します．

2つの母平均の差の検定

有意確率 0.029 ≦ 有意水準 0.05

なので，仮説は棄却されます．

したがって，2つの母平均は異なることがわかります．

15 章　時系列データ

15.1 時間とともに変化するデータ

明日の予測値は？

タカコさんは健康管理のため，毎日，朝と夜に体重を測っています．

表 15.1.1　朝と夜の体重の変化（kg）

日付		体重	日付		体重
1 日目	朝	55.3	8 日目	朝	52.7
	夜	56.2		夜	53.5
2 日目	朝	54.7	9 日目	朝	52.3
	夜	55.8		夜	50.5
3 日目	朝	54.7	10 日目	朝	51.7
	夜	53.4		夜	51.9
4 日目	朝	53.1	11 日目	朝	50.4
	夜	53.9		夜	49.5
5 日目	朝	54.4	12 日目	朝	48.5
	夜	55.2		夜	50.8
6 日目	朝	55.1	13 日目	朝	48.3
	夜	55.0		夜	49.2
7 日目	朝	53.2	14 日目	朝	47.1
	夜	53.0		夜	47.8

『明日の体重を予測できるかしら？』

時間 t と共に変化するデータ $x(t)$ のことを**時系列データ**といいます.

表 15.1.2　時系列データ

時間 t	1	2	3	……	t
データ $x(t)$	$x(1)$	$x(2)$	$x(3)$	……	$x(t)$

例えば，ある作業中の心拍数は，時間と共に変化しているので
時系列データになっています.

表 15.1.3

時間	心拍数
作業前	65
1 分後	78
2 分後	106
3 分後	102
4 分後	110
5 分後	105
6 分後	109
7 分後	81
8 分後	83
9 分後	76
10 分後	75

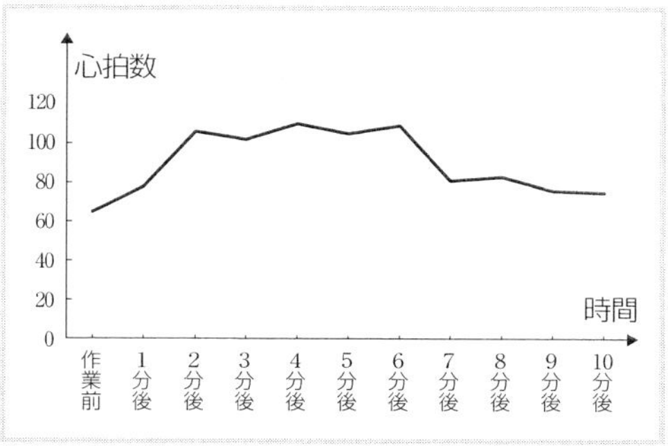

図 15.1.1　時間と心拍数

このような時系列データの場合，知りたいことは，
データの変化の傾向やデータの明日の予測値です.

時系列データの分析方法として

- 3 項移動平均
- 指数平滑化
- 自己回帰 AR(p) モデル
- ARIMA（p, d, g,）モデル

などがあります.

時系列データ
= time series data

15.2 3項移動平均

移動平均とは，時系列データの変動をなめらかにする手法です．

移動平均では，

- 3項移動平均
- 5項移動平均
- 12か月移動平均

などがよく利用されています．

移動平均
= moving average

経済時系列データでは，12か月移動平均が適しています．

移動平均のポイント

移動平均をすることにより，時系列データの変化の傾向をグラフ上に浮かび上がらせることができます．

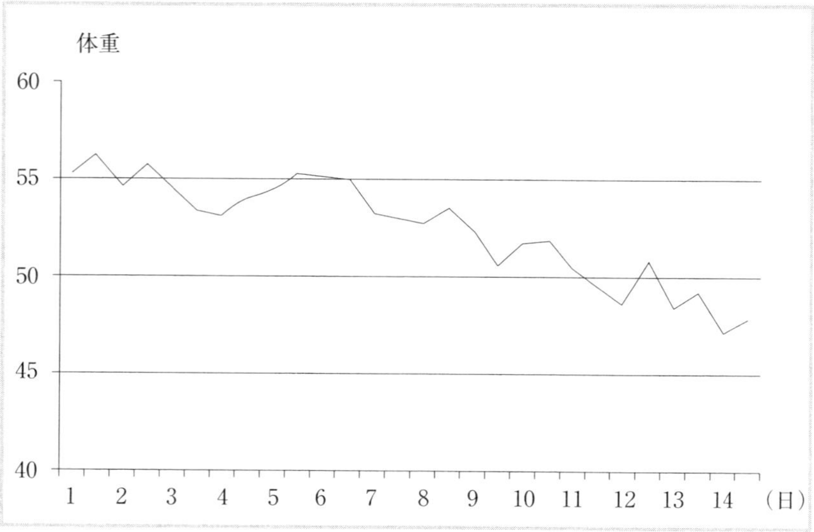

図 15.2.1　14日間の体重の変化

3 項移動平均

時系列データの連続する 3 項ずつの平均値をとれば，
それが **3 項移動平均**になります．

表 15.2.1　3 項の合計とその平均値

日付		体重	合計	3 項移動平均
1	朝	55.3		
	夜	56.2	166.2	55.40
2	朝	54.7	166.7	55.57
	夜	55.8	165.2	55.07
3	朝	54.7	163.9	54.63
	夜	53.4	161.2	53.73
4	朝	53.1	160.4	53.47
	夜	53.9	161.4	53.80
5	朝	54.4	163.5	54.50
	夜	55.2	164.7	54.90
6	朝	55.1	165.3	55.10
	夜	55.0	163.3	54.43
7	朝	53.2	161.2	53.73
	夜	53.0	158.9	52.97
8	朝	52.7	159.2	53.07
	夜	53.5	158.5	52.83
9	朝	52.3	156.3	52.10
	夜	50.5	154.5	51.50
10	朝	51.7	154.1	51.37
	夜	51.9	154.0	51.33
11	朝	50.4	151.8	50.60
	夜	49.5	148.4	49.47
12	朝	48.5	148.8	49.60
	夜	50.8	147.6	49.20
13	朝	48.3	148.3	49.43
	夜	49.2	144.6	48.20
14	朝	47.1	144.1	48.03
	夜	47.8		

$$\frac{166.2}{3} = 55.40$$

$$\frac{166.7}{3} = 55.57$$

$$\vdots$$

$$\frac{144.1}{3} = 48.03$$

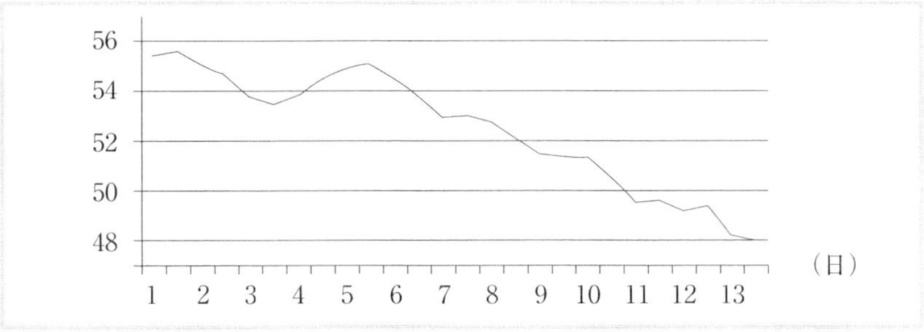

図 15.2.2　3 項移動平均のグラフ

15.3 指数平滑化

指数平滑化は

“明日の値を予測する”

ための時系列分析の手法です.

指数平滑化の定義

時系列データ

$$\{\cdots \quad x(t-3) \quad x(t-2) \quad x(t-1) \quad x(t)\}$$

に対して，時点 t における **1 期先の予測値**を

$$\hat{x}(t,\ 1)$$

としたとき，指数平滑化による予測値は

$$\hat{x}(t,\ 1) = \alpha \cdot x(t) + \alpha \cdot (1-\alpha) \cdot x(t-1) + \alpha \cdot (1-\alpha)^2 \cdot x(t-2) + \cdots$$

と定義します.

ただし，$0 \leqq \alpha \leqq 1$

指数平滑化
= exponential smoothing

αのところに，いろいろな値を代入してみましょう.

- $\alpha = 0.3$ の場合

$$\hat{x}(t,\ 1) = 0.3 \times x(t) + 0.21 \times x(t-1) + \cdots$$

- $\alpha = 0.7$ の場合

$$\hat{x}(t,\ 1) = 0.7 \times x(t) + 0.21 \times x(t-1) + \cdots$$

Excel では
1-a のことを
減衰率
といいます

したがって，

“αの値が 1 に近いほど，直前の時点の影響を強く受ける”

ということがわかります.

指数平滑化のもうひとつの表現

指数平滑化を利用すると，時点 $t-1$ における予測値は

$$\hat{x}(t-1,\ 1) = \alpha \cdot x(t-1) + \alpha \cdot (1-\alpha) \cdot x(t-2) + \cdots$$

となるので，1 期先の予測値 $\hat{x}(t,\ 1)$ を

$$\hat{x}(t,\ 1) = \alpha \cdot x(t) + (1-\alpha) \cdot \hat{x}(t-1,\ 1)$$

のように，現在と 1 つ前の時点で表現することができます．

この式を利用すると，指数平滑化による予測値は次のようになります．

表 15.3.1 いろいろな α のときの 1 期先の予測値

日付		体重	予測値 $\alpha = 0.1$	予測値 $\alpha = 0.3$	予測値 $\alpha = 0.5$	予測値 $\alpha = 0.7$	予測値 $\alpha = 0.9$
1	朝	55.3					
	夜	56.2	55.300	55.300	55.300	55.300	55.300
2	朝	54.7	55.390	55.570	55.750	55.930	56.110
	夜	55.8	55.321	55.309	55.225	55.069	54.841
3	朝	54.7	55.369	55.456	55.513	55.581	55.704
	夜	53.4	55.302	55.229	55.106	54.964	54.800
4	朝	53.1	55.112	54.681	54.253	53.869	53.540
	夜	53.9	54.911	54.206	53.677	53.331	53.144
5	朝	54.4	54.810	54.114	53.788	53.729	53.824
	夜	55.2	54.769	54.200	54.094	54.199	54.342
6	朝	55.1	54.812	54.500	54.647	54.900	55.114
	夜	55.0	54.841	54.680	54.874	55.040	55.101
7	朝	53.2	54.857	54.776	54.937	55.012	55.010
	夜	53.0	54.691	54.303	54.068	53.744	53.381
8	朝	52.7	54.522	53.912	53.534	53.223	53.038
	夜	53.5	54.340	53.549	53.117	52.857	52.734
9	朝	52.3	54.256	53.534	53.309	53.307	53.423
	夜	50.5	54.060	53.164	52.804	52.602	52.412
10	朝	51.7	53.704	52.365	51.652	51.131	50.691
	夜	51.9	53.504	52.165	51.676	51.529	51.599
11	朝	50.4	53.343	52.086	51.788	51.789	51.870
	夜	49.5	53.049	51.580	51.094	50.817	50.547
12	朝	48.5	52.694	50.956	50.297	49.895	49.605
	夜	50.8	52.275	50.219	49.399	48.918	48.610
13	朝	48.3	52.127	50.393	50.099	50.236	50.581
	夜	49.2	51.744	49.765	49.200	48.881	48.528
14	朝	47.1	51.490	49.596	49.200	49.104	49.133
	夜	47.8	51.051	48.847	48.150	47.701	47.303
15	朝	？	50.726	48.533	47.975	47.770	47.750

■ 公式 ― 指数平滑化 ―

次のような表を用意し，1期先の予測値 $\hat{x}(t,\ 1)$ を計算します．

表 15.3.2　指数平滑化のデータの型

時点 t	$x(t)$	1期先の予測値　$\hat{x}(t, 1)$
1	$x(1)$	
2	$x(2)$	$\hat{x}(1, 1) = x(1)$
3	$x(3)$	$\hat{x}(2, 1) = \alpha \cdot x(2) + (1-\alpha) \cdot \hat{x}(1, 1)$
4	$x(4)$	$\hat{x}(3, 1) = \alpha \cdot x(3) + (1-\alpha) \cdot \hat{x}(2, 1)$
5	$x(5)$	$\hat{x}(4, 1) = \alpha \cdot x(4) + (1-\alpha) \cdot \hat{x}(3, 1)$
⋮	⋮	⋮
$t-1$	$x(t-1)$	$\hat{x}(t-2, 1) = \alpha \cdot x(t-2) + (1-\alpha) \cdot \hat{x}(t-3, 1)$
t	$x(t)$	$\hat{x}(t-1, 1) = \alpha \cdot x(t-1) + (1-\alpha) \cdot \hat{x}(t-2, 1)$
$t+1$	?	$\hat{x}(t, 1) = \alpha \cdot x(t) + (1-\alpha) \cdot \hat{x}(t-1, 1)$

自己回帰 AR(1) モデル

$$x(t) = a_1 \cdot x(t-1) + \mu(t)$$
$$\hat{x}(t, 1) = a_1 \cdot x(t)$$

による予測値の求め方もあります

■ 例題 — 指数平滑化 —

次の表を用意し，1 期先の予測値 $\hat{x}(t,\ 1)$ を計算します．

表 15.3.3　$\alpha = 0.3$ のときの 1 期先の予測値

時点	$x(t)$	1 期先の予測値　$\hat{x}(t,\ 1)$
1	55.3	
2	56.2	$\hat{x}(1,\ 1)$ = 55.300
3	54.7	$\hat{x}(2,\ 1)$ = 0.3 × 56.2 + (1−0.3) × 55.300 = 55.570
4	55.8	$\hat{x}(3,\ 1)$ = 0.3 × 54.7 + (1−0.3) × 55.570 = 55.309
5	54.7	$\hat{x}(4,\ 1)$ = 0.3 × 55.8 + (1−0.3) × 55.309 = 55.456
6	53.4	$\hat{x}(5,\ 1)$ = 0.3 × 54.7 + (1−0.3) × 55.456 = 55.229
7	53.1	$\hat{x}(6,\ 1)$ = 0.3 × 53.4 + (1−0.3) × 55.229 = 54.681
8	53.9	$\hat{x}(7,\ 1)$ = 0.3 × 53.1 + (1−0.3) × 54.681 = 54.206
9	54.4	$\hat{x}(8,\ 1)$ = 0.3 × 53.9 + (1−0.3) × 54.206 = 54.114
10	55.2	$\hat{x}(9,\ 1)$ = 0.3 × 54.4 + (1−0.3) × 54.114 = 54.200
11	55.1	$\hat{x}(10,\ 1)$ = 0.3 × 55.2 + (1−0.3) × 54.200 = 54.500
12	55.0	$\hat{x}(11,\ 1)$ = 0.3 × 55.1 + (1−0.3) × 54.500 = 54.680
13	53.2	$\hat{x}(12,\ 1)$ = 0.3 × 55.0 + (1−0.3) × 54.680 = 54.776
14	53.0	$\hat{x}(13,\ 1)$ = 0.3 × 53.2 + (1−0.3) × 54.776 = 54.303
15	52.7	$\hat{x}(14,\ 1)$ = 0.3 × 53.0 + (1−0.3) × 54.303 = 53.912
16	53.5	$\hat{x}(15,\ 1)$ = 0.3 × 52.7 + (1−0.3) × 53.912 = 53.549
17	52.3	$\hat{x}(16,\ 1)$ = 0.3 × 53.5 + (1−0.3) × 53.549 = 53.534
18	50.5	$\hat{x}(17,\ 1)$ = 0.3 × 52.3 + (1−0.3) × 53.534 = 53.164
19	51.7	$\hat{x}(18,\ 1)$ = 0.3 × 50.5 + (1−0.3) × 53.164 = 52.365
20	51.9	$\hat{x}(19,\ 1)$ = 0.3 × 51.7 + (1−0.3) × 52.365 = 52.165
21	50.4	$\hat{x}(20,\ 1)$ = 0.3 × 51.9 + (1−0.3) × 52.165 = 52.086
22	49.5	$\hat{x}(21,\ 1)$ = 0.3 × 50.4 + (1−0.3) × 52.086 = 51.580
23	48.5	$\hat{x}(22,\ 1)$ = 0.3 × 49.5 + (1−0.3) × 51.580 = 50.956
24	50.8	$\hat{x}(23,\ 1)$ = 0.3 × 48.5 + (1−0.3) × 50.956 = 50.219
25	48.3	$\hat{x}(24,\ 1)$ = 0.3 × 50.8 + (1−0.3) × 50.219 = 50.393
26	49.2	$\hat{x}(25,\ 1)$ = 0.3 × 48.3 + (1−0.3) × 50.393 = 49.765
27	47.1	$\hat{x}(26,\ 1)$ = 0.3 × 49.2 + (1−0.3) × 49.765 = 49.596
28	47.8	$\hat{x}(27,\ 1)$ = 0.3 × 47.1 + (1−0.3) × 49.596 = 48.847
29	?	$\hat{x}(28,\ 1)$ = 0.3 × 47.8 + (1−0.3) × 48.847 = 48.533

Excelの関数

MAX関数	引数リストに含まれる最大の数値を返します
MIN関数	引数リストに含まれる最小の数値を返します
MODE.MULT関数	配列またはセル範囲として指定されたデータの中で，最も頻繁に出現する値（最頻値）を縦方向の配列として返します．
MODE.SNGL関数	最も頻繁に出現する値（最頻値）を返します
NORM.DIST関数	正規分布の累積分布関数の値を返します
NORM.INV関数	正規分布の累積分布関数の逆関数値を返します
NORM.S.DIST関数	標準正規分布の累積分布関数の値を返します
NORM.S.INV関数	標準正規分布の累積分布関数の逆関数値を返します
PERCENTILE.EXC関数	特定の範囲に含まれるデータの第k百分位数に当たる値を返します（kは0より大きく1より小さい値）
PERCENTILE.INC関数	特定の範囲に含まれるデータの第k百分位数に当たる値を返します
QUARTILE.EXE関数	0より大きく1より小さい百分位値に基づいて，配列に含まれるデータから四分位数を返します
QUARTILE.INC関数	配列に含まれるデータから四分位数を抽出します
SMALL関数	指定されたデータの中で，k番目に小さなデータを返します

数　表

- 標準正規分布の値
- 自由度 n の t 分布の各パーセント点
- 乱数表

数表1　標準正規分布の値

z	0.00	0.01	0.02	0.03	0.04
0.0	0.0000	0.0040	0.0080	0.0120	0.0160
0.1	0.0398	0.0438	0.0478	0.0517	0.0557
0.2	0.0793	0.0832	0.0871	0.0910	0.0948
0.3	0.1179	0.1217	0.1255	0.1293	0.1331
0.4	0.1554	0.1591	0.1628	0.1664	0.1700
0.5	0.1915	0.1950	0.1985	0.2019	0.2054
0.6	0.2257	0.2291	0.2324	0.2357	0.2389
0.7	0.2580	0.2611	0.2642	0.2673	0.2704
0.8	0.2881	0.2910	0.2939	0.2967	0.2995
0.9	0.3159	0.3186	0.3212	0.3238	0.3264
1.0	0.3413	0.3438	0.3461	0.3485	0.3508
1.1	0.3643	0.3665	0.3686	0.3708	0.3729
1.2	0.3849	0.3869	0.3888	0.3907	0.3925
1.3	0.40320	0.40490	0.40658	0.40824	0.40988
1.4	0.41924	0.42073	0.42220	0.42364	0.42507
1.5	0.43319	0.43448	0.43574	0.43699	0.43822
1.6	0.44520	0.44630	0.44738	0.44845	0.44950
1.7	0.45543	0.45637	0.45728	0.45818	0.45907
1.8	0.46407	0.46485	0.46562	0.46638	0.46712
1.9	0.47128	0.47193	0.47257	0.47320	0.47381
2.0	0.47725	0.47778	0.47831	0.47882	0.47932
2.1	0.48214	0.48257	0.48300	0.48341	0.48382
2.2	0.48610	0.48645	0.48679	0.48713	0.48745
2.3	0.48928	0.48956	0.48983	0.490097	0.490358
2.4	0.491802	0.492024	0.492240	0.492451	0.492656
2.5	0.493790	0.493963	0.494132	0.494297	0.494457
2.6	0.495339	0.495473	0.495604	0.495731	0.495855
2.7	0.496533	0.496636	0.496736	0.496833	0.496928
2.8	0.497445	0.497523	0.497599	0.497673	0.497744
2.9	0.498134	0.498193	0.498250	0.498305	0.498359
3.0	0.498650	0.498694	0.498736	0.498777	0.498817

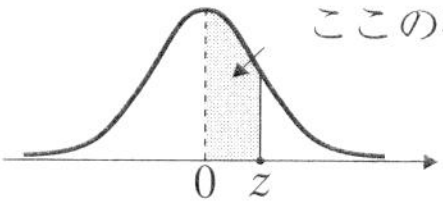

z	0.05	0.06	0.07	0.08	0.09
0.0	0.0199	0.0239	0.0279	0.0319	0.0359
0.1	0.0596	0.0636	0.0675	0.0714	0.0753
0.2	0.0987	0.1026	0.1064	0.1103	0.1141
0.3	0.1368	0.1406	0.1443	0.1480	0.1517
0.4	0.1736	0.1772	0.1808	0.1844	0.1879
0.5	0.2088	0.2123	0.2157	0.2190	0.2224
0.6	0.2422	0.2454	0.2486	0.2517	0.2549
0.7	0.2734	0.2764	0.2794	0.2823	0.2852
0.8	0.3023	0.3051	0.3078	0.3106	0.3133
0.9	0.3289	0.3315	0.3340	0.3365	0.3389
1.0	0.3531	0.3554	0.3577	0.3599	0.3621
1.1	0.3749	0.3770	0.3790	0.3810	0.3830
1.2	0.3944	0.3962	0.3980	0.3997	0.4015
1.3	0.41149	0.41309	0.41466	0.41621	0.41774
1.4	0.42647	0.42785	0.42922	0.43056	0.43189
1.5	0.43943	0.44062	0.44179	0.44295	0.44408
1.6	0.45053	0.45154	0.45254	0.45352	0.45449
1.7	0.45994	0.46080	0.46164	0.46246	0.46327
1.8	0.46784	0.46856	0.46926	0.46995	0.47062
1.9	0.47441	0.47500	0.47558	0.47615	0.47670
2.0	0.47982	0.48030	0.48077	0.48124	0.48169
2.1	0.48422	0.48461	0.48500	0.48537	0.48574
2.2	0.48778	0.48809	0.48840	0.48870	0.48899
2.3	0.490613	0.490863	0.491106	0.491344	0.491576
2.4	0.492857	0.493053	0.493244	0.493431	0.493613
2.5	0.494614	0.494766	0.494915	0.495060	0.495201
2.6	0.495975	0.496093	0.496207	0.496319	0.496427
2.7	0.497020	0.497110	0.497197	0.497282	0.497365
2.8	0.497814	0.497882	0.497948	0.498012	0.498074
2.9	0.498411	0.498462	0.498511	0.498559	0.498605
3.0	0.498856	0.498893	0.498930	0.498965	0.498999

数表２　自由度 n の t 分布の各パーセント点

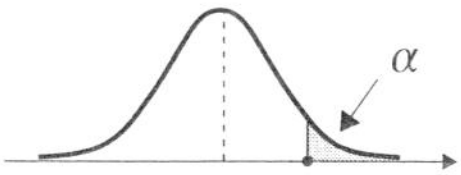

n \ α	0.25	0.1	0.05	0.025	0.01	0.005
1	1.000	3.078	6.314	12.706	31.821	63.657
2	0.816	1.886	2.920	4.303	6.965	9.925
3	0.765	1.638	2.353	3.182	4.541	5.841
4	0.741	1.533	2.132	2.776	3.747	4.604
5	0.727	1.476	2.015	2.571	3.365	4.032
6	0.718	1.440	1.943	2.447	3.143	3.707
7	0.711	1.415	1.895	2.365	2.998	3.499
8	0.706	1.397	1.860	2.306	2.896	3.355
9	0.703	1.383	1.833	2.262	2.821	3.250
10	0.700	1.372	1.812	2.228	2.764	3.169
11	0.697	1.363	1.796	2.201	2.718	3.106
12	0.695	1.356	1.782	2.179	2.681	3.055
13	0.694	1.350	1.771	2.160	2.650	3.012
14	0.692	1.345	1.761	2.145	2.624	2.977
15	0.691	1.341	1.753	2.131	2.602	2.947
16	0.690	1.337	1.746	2.120	2.583	2.921
17	0.689	1.333	1.740	2.110	2.567	2.898
18	0.688	1.330	1.734	2.101	2.552	2.878
19	0.688	1.328	1.729	2.093	2.539	2.861
20	0.687	1.325	1.725	2.086	2.528	2.845
21	0.686	1.323	1.721	2.080	2.518	2.831
22	0.686	1.321	1.717	2.074	2.508	2.819
23	0.685	1.319	1.714	2.069	2.500	2.807
24	0.685	1.318	1.711	2.064	2.492	2.797
25	0.684	1.316	1.708	2.060	2.485	2.787
26	0.684	1.315	1.706	2.056	2.479	2.779
27	0.684	1.314	1.703	2.052	2.473	2.771
28	0.683	1.313	1.701	2.048	2.467	2.763
29	0.683	1.311	1.699	2.045	2.462	2.756
30	0.683	1.310	1.697	2.042	2.457	2.750
∞	0.674	1.282	1.645	1.960	2.326	2.576

数表 3　乱数表

8	0	5	9	1	9	0	7	7	3	9	5	6	6	3	8	5	1	2	5	5	4	0	0	9	5	2	4	1	3
6	2	3	1	7	7	4	3	8	8	3	7	4	7	3	6	7	1	7	3	8	4	6	6	8	4	8	1	9	5
0	7	3	7	3	7	1	8	2	9	7	3	2	0	2	2	7	3	4	5	2	1	2	3	2	0	1	5	6	3
1	7	1	6	7	6	9	2	8	0	2	6	2	1	2	9	9	4	1	8	1	5	2	6	8	3	4	1	1	3
9	8	3	1	6	7	5	3	1	1	6	6	2	0	8	8	7	0	7	8	5	1	4	2	0	7	6	8	1	6
6	2	6	2	4	0	7	0	3	1	6	0	5	2	3	4	1	0	1	2	4	6	0	6	9	0	3	9	1	6
1	3	9	1	7	6	0	3	0	5	9	1	2	9	4	8	7	6	6	3	0	5	2	3	2	6	5	8	1	5
2	0	8	1	0	0	7	9	9	1	1	6	0	3	9	8	5	8	3	2	0	0	6	9	8	8	6	8	7	8
5	0	4	7	7	2	0	8	2	5	7	7	5	5	3	7	1	7	6	3	9	4	9	4	2	9	6	6	4	8
5	8	1	3	9	6	7	8	1	2	2	2	6	5	2	1	7	2	4	9	0	3	7	0	9	9	3	9	4	3
7	7	6	7	7	1	2	4	7	5	5	9	8	1	1	5	2	7	9	5	9	0	6	6	2	5	9	4	8	6
6	0	2	4	9	1	3	6	4	7	3	7	4	4	7	4	3	1	1	6	9	4	6	6	9	3	3	2	5	0
9	7	0	4	7	2	2	8	2	9	3	0	0	3	1	3	6	4	0	4	6	5	5	4	2	4	6	7	8	8
5	7	1	1	1	3	4	3	5	1	2	3	9	8	0	0	8	9	6	2	3	2	8	9	6	0	3	3	3	9
4	9	7	3	9	0	9	2	5	4	6	7	1	5	1	4	2	1	9	6	0	9	9	5	7	9	2	6	0	6
9	1	4	5	9	5	5	5	9	7	9	0	6	9	2	0	0	1	4	6	7	5	5	9	1	8	3	2	3	5
6	3	0	0	9	5	1	1	1	2	0	2	5	3	4	8	8	7	5	9	1	1	6	8	1	7	7	0	2	2
8	9	9	9	7	7	8	3	0	5	3	6	9	1	6	8	1	7	8	6	9	1	7	9	0	4	8	8	0	3
6	0	9	0	6	0	4	8	0	0	7	3	9	4	6	5	7	0	8	6	1	7	9	4	3	9	3	4	2	1
9	5	9	3	5	7	9	2	3	1	9	4	0	8	1	4	7	7	6	0	4	6	2	5	1	9	7	8	1	4
1	6	8	7	9	6	9	1	3	5	1	9	7	9	0	3	2	8	4	6	3	4	2	5	6	2	2	2	6	7
8	3	6	3	5	3	4	8	1	8	6	8	9	1	6	6	7	9	9	7	4	3	5	7	3	0	2	6	8	2
5	5	0	7	8	6	5	2	0	6	3	8	7	4	4	7	3	3	2	9	3	4	9	5	4	9	9	9	2	4
8	2	7	9	2	2	5	8	8	8	8	4	7	5	0	6	9	2	5	2	5	1	4	5	6	2	4	6	2	9
9	5	7	0	0	1	0	1	5	6	9	9	1	3	6	7	1	8	1	7	5	5	7	6	0	5	8	8	3	1
4	3	2	0	5	7	3	9	1	9	0	6	9	4	6	8	2	6	8	8	4	5	7	8	0	0	8	4	3	1
0	6	8	6	0	1	8	9	2	8	1	9	5	8	3	1	0	2	8	8	3	3	5	3	9	5	6	1	9	1
5	8	9	5	8	1	7	2	7	6	0	0	8	1	7	2	1	7	7	6	7	5	9	3	8	3	8	7	7	6
6	7	2	4	5	2	6	1	7	9	8	0	9	4	7	7	6	0	1	7	0	6	2	8	5	9	2	1	1	9
4	0	6	5	8	1	7	8	7	7	0	7	3	1	8	5	8	6	4	6	5	8	8	5	9	9	0	5	2	7
9	6	2	7	9	0	2	9	5	6	5	9	7	7	9	0	4	5	8	8	9	5	8	2	9	2	0	6	6	3
6	5	5	7	2	0	7	7	9	7	5	2	3	7	1	8	8	2	1	0	4	1	8	4	4	4	9	3	1	1
0	1	0	2	6	8	9	3	4	4	0	7	1	3	7	9	1	1	7	9	2	7	6	0	2	1	0	4	0	0
6	0	9	5	4	0	0	2	5	6	9	0	9	8	6	6	1	3	5	0	9	3	8	6	2	4	7	5	9	6
4	4	0	0	5	5	3	6	0	0	6	1	2	5	6	8	1	4	2	6	6	0	2	2	7	5	2	6	9	9
8	8	9	9	0	8	2	1	9	9	9	6	4	6	7	2	8	4	1	4	3	3	9	7	1	0	5	9	5	1
7	5	3	2	4	7	9	9	7	5	7	5	6	4	5	1	9	5	6	4	5	3	2	8	4	9	3	2	6	8
0	3	5	8	0	3	1	9	6	7	8	1	8	0	0	3	3	4	9	9	7	0	4	2	4	6	0	5	2	9
1	0	7	3	8	4	6	2	4	8	5	6	9	5	0	8	6	8	5	1	7	1	1	2	0	1	6	0	2	7
9	4	1	9	8	3	5	1	8	3	3	7	4	7	5	2	4	5	7	3	4	8	8	9	7	8	2	4	6	2

参考文献

[1] 小学校学習指導要領解説 算数編，文部科学省，平成 20 年 6 月
[2] 中学校学習指導要領解説 数学編，文部科学省，平成 20 年 7 月
[3] 高等学校学習指導要領解説 数学編，文部科学省，平成 21 年 11 月

[4] さんすう 1，学校図書，平成 23 年
[5] 算数 2，学校図書，平成 23 年
[6] 算数 3，学校図書，平成 23 年
[7] 算数 4，学校図書，平成 23 年
[8] 算数 5，学校図書，平成 23 年
[9] 算数 6，学校図書，平成 23 年
[10] しょうがくさんすう 1，日本文教出版，平成 23 年
[11] 小学算数 2，日本文教出版，平成 23 年
[12] 小学算数 3，日本文教出版，平成 23 年
[13] 小学算数 4，日本文教出版，平成 23 年
[14] 小学算数 5，日本文教出版，平成 23 年
[15] 小学算数 6，日本文教出版，平成 23 年
[16] たのしいさんすう 1，大日本図書，平成 23 年
[17] たのしい算数 2，大日本図書，平成 23 年
[18] たのしい算数 3，大日本図書，平成 23 年
[19] たのしい算数 4，大日本図書，平成 23 年
[20] たのしい算数 5，大日本図書，平成 23 年
[21] たのしい算数 6，大日本図書，平成 23 年

[22] 中学校数学 1，学校図書，平成 24 年 2 月
[23] 中学校数学 2，学校図書，平成 24 年 2 月
[24] 中学校数学 3，学校図書，平成 24 年 2 月
[25] 新しい数学 1，東京書籍，平成 24 年 2 月
[26] 新しい数学 2，東京書籍，平成 24 年 2 月
[27] 新しい数学 3，東京書籍，平成 24 年 2 月
[28] 数学の世界 1，大日本図書，平成 24 年 2 月
[29] 数学の世界 2，大日本図書，平成 24 年 2 月
[30] 数学の世界 3，大日本図書，平成 24 年 2 月

[31] 数学 I，東京書籍，平成 24 年 1 月
[32] 数学 A，東京書籍，平成 24 年 1 月
[33] 数学 B，東京書籍，平成 24 年 1 月
[34] 数学 I，啓林館，平成 23 年 12 月
[35] 数学 A，啓林館，平成 23 年 12 月
[36] 数学 B，啓林館，平成 23 年 12 月
[37] 数学 I，数研出版，平成 24 年 1 月
[38] 数学 A，数研出版，平成 24 年 1 月
[39] 数学 B，数研出版，平成 24 年 1 月
[40] 数学 I，実教出版，平成 24 年 1 月
[41] 数学 A，実教出版，平成 24 年 1 月
[42] 数学 B，実教出版，平成 24 年 1 月

[43] 統計学辞典，竹内 啓 編，東洋経済新報社，1989 年
[44] やさしく学べる統計学，石村園子 著，共立出版，2006 年
[45] クックルとパックルの大冒険——マッコリ号に乗って統計解析の謎を解く，石村貞夫・盧 志和，共立出版，2007 年
[46] 確率論とその応用 I（上・下），W. フェラー 著，河田龍夫 監訳，紀伊国屋書店，1960 年（上）・1961 年（下）
確率論とその応用 II（上・下），W. フェラー 著，国沢清典 監訳，紀伊国屋書店，1969 年（上）・1970 年（下）

索　引

〈た行〉

〈な行〉

〈は行〉

〈ま行〉

〈や行〉

〈ら行〉

〈わ行〉

Memorandum

Memorandum

著者紹介

石村園子（いしむら そのこ）

1973年　東京理科大学理学部数学科 卒業
1975年　津田塾大学大学院理学研究科修士課程修了
現　在　東京理科大学非常勤講師，元千葉工業大学教授
著　書　『やさしく学べる微分積分』
『やさしく学べる線形代数』
『やさしく学べる基礎数学――線形代数・微分積分――』
『やさしく学べる微分方程式』
『大学新入生のための数学入門（増補版）』
『大学新入生のための微分積分入門』
『やさしく学べる統計学』
『やさしく学べる離散数学』
『やさしく学べるラプラス変換・フーリエ解析（増補版）』
（以上，共立出版）
ほか多数

石村貞夫（いしむら さだお）

1975年　早稲田大学理工学部数学科 卒業
1977年　早稲田大学大学院理工学研究科数学専攻修了
現　在　鶴見大学歯学部 准教授
著　書　『クックルとパックルの大冒険―マッコリ号に乗って統計解析の謎を解く―』
『看護系学生のためのやさしい統計学』
『心理系のための統計学のススメ』
『薬学系のための統計学のススメ』
『多変量解析によるデータマイニング』
『多変量解析による環境統計学』
『集中講義！実践統計学演習―SPSS学生版対応―』
（以上，共著）
『集中講義！統計学演習』
（以上，共立出版）
ほか多数

初歩からはじめる統計学
Statistics for Beginners

2012年10月25日　初版1刷発行
2024年 3月 5日　初版2刷発行

検印廃止

NDC 350.1

ISBN 978-4-320-11024-3

著　者　石村園子　©2012
　　　　石村貞夫
イラスト　西山クニ子
発行者　南條光章
発　行　**共立出版株式会社**
東京都文京区小日向4丁目6番19号
電話　03-3947-2511番（代表）
〒112-0006/振替口座 00110-2-57035番
URL　www.kyoritsu-pub.co.jp

印　刷
製　本　真興社

一般社団法人
自然科学書協会
会員

Printed in Japan

Statistics